최신 개정사항 완벽 반영

단기합격의 완성,
시험에 나오는 빈출 이론 및 문제 만을 엄선!

배울학

5 제어공학
전기기사·전기공사기사

-발송배전기술사 **윤석만** 저-

중요한 핵심 **이론**

시험에 나올 **적중실전문제**   이론을 바로 적용한 **예제**

초보자부터 전공자까지 다양한 수험생에게 합격의 방향을 제시해 줄 최적의 수험서
정확한 이론 정립과 이해를 돕는 예제, 출제 가능성이 높은 적중실전문제까지 한 권에 담았습니다

저자 직강
동영상 강의

무료강의
학습자료

교수님과의
1:1 상담

www.baeulhak.com

머리말

전기 에너지의 사용은 과거보다 현대 사회에서 점차 증가하고 있습니다. 따라서, 우리는 이러한 전력 에너지의 생산, 전기 시설물의 신축과 유지 관리에 필요한 전문 인력의 양성 및 확보가 이전보다 더욱 중요한 사회에서 살고 있는 것입니다. 앞으로 전기 관련 자격증 보유자의 전망은 그만큼 더욱 밝다고 할 수 있습니다.

전기기사 및 전기공사기사 시험을 준비하는 수험생들에게 제어공학은 "회로 및 제어공학"이라는 과목에서 점수를 올릴 수 있는 절호의 기회를 주는 과목입니다.

제어공학은 그 과목의 특성상 다른 과목이나 2차 실기 공부와는 연관성이 적기 때문에 철저하게 1차 필기시험에서 고득점을 얻기 위한 전략 과목으로 학습 계획을 세워야 합니다. 따라서, 제어공학 공부법의 주요 포인트는 많은 시간을 투자하여 깊은 내용을 완전히 이해하는 것이 아니라, 다른 과목보다 시간 투자를 적게 하여 효율적으로 공부하는 것입니다.

이를 위해서는 본 교재에서 정리한 기본 요점 정리를 집중 공략하고, 시험에서 자주 출제되는 부분을 선별한 적중실전문제 풀이를 중심으로 공부하는 것이 제어공학의 성공적인 학습전략이 되겠습니다. 또한 제어공학 이론 중에서도 수학적이 내용이 필요한 라플라스 변환과 전달함수 및 상태 방정식 파트에 조금 더 많은 시간을 투자하여 공부한다면, 전체적인 제어공학 공부에 큰 도움이 될 것입니다.

지금까지 조언해드린 학습방법을 잘 활용하여 제어공학 문제를 1문제라도 더 맞힐 수 있도록 올바른 학습계획을 세우시길 바랍니다.

편저자 윤석만

책의 특징

배울학 전기기사·전기공사기사

01 전기기사·전기공사기사 최단기간 합격을 위한 필기 필수 기본서

- 전기기사·전기공사기사 필기 시험을 대비하기 위한 필수 기본서로 출제기준에 꼭 필요한 핵심이론을 수록하였다.
- 효율적인 학습이 가능하도록 구성하였다. 또한, 예제와 적중실전문제를 수록하여 기본부터 실전까지 한 번에 완성할 수 있다.

02 최신 경향을 완벽 반영한 학습구성

최신 경향을 반영하여 단기적으로 학습할 수 있도록 체계적으로 구성하였다.

① 핵심이론 학습 후 바로 예제문제를 통하여 이론을 파악할 수 있다.
② 각 Chapter별 적중실전문제를 통해 빈출문제부터 최근 출제경향문제까지 다양한 유형의 문제를 파악할 수 있다.
③ 과목별로 필요한 핵심이론 및 문제를 한 권으로 집필하여 실전을 완벽하게 대비할 수 있다.

03 엄선된 문제 & 상세한 해설 수록

- 각 문제의 출제 빈도수에 따라 별 개수를 다르게 표시하여 그 문제의 중요도를 파악하고 효율적인 학습이 가능하도록 하였다.
- 모든 문제에 대한 상세한 해설을 수록하여 이해를 높일 수 있도록 하였다.

책의 구성

배울학 전기기사·전기공사기사

www.baeulhak.com

01 핵심이론

- 시험에 반드시 나오는 기본이론을 정리하여 체계적으로 학습한다.
- 기본핵심원리와 필수공식으로 이론을 확실하게 정립한다.

02 예제

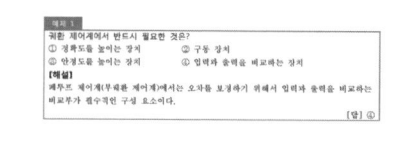

- 이론 학습 후 예제문제 풀이를 통해 취약점을 보완할 수 있다.
- 기본이론과 필수공식을 문제에 바로 적용하여 이론에 대한 이해와 암기 지속시간을 높이고 실전능력을 기른다.

03 적중실전문제

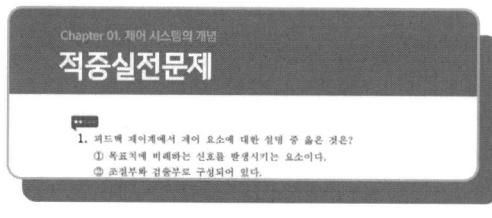

- 30여년 간의 과년도 기출문제를 완벽하게 분석하여 정리한 빈출문제 및 최근출제경향문제를 각 Chapter별로 수록하여 실전 적응력을 높일 수 있도록 한다.
- 문제의 중요도를 파악할 수 있도록 출제 빈도수를 표시하여 학습 효율성이 증대되도록 한다.

전기기사 · 산업기사 안내

배울학 전기기사·전기공사기사

개요

전기를 합리적으로 사용하는 것은 전력부문의 투자효율성을 높이는 것뿐만 아니라 국가 경제의 효율성 측면에도 중요하다. 하지만 자칫 전기를 소홀하게 다룰 경우 큰 사고로 이어질 수 있기 때문에 안전에 주의해야 한다.
그러므로 전기 설비의 운전 및 조작, 유지·보수에 관한 전문 자격제도를 실시해 전기로 인한 재해를 방지하여 안전성을 높이고자 자격제도를 제정한다.

전기기사 · 산업기사의 역할

- 전기기계기구의 설계, 제작, 관리 등과 전기설비를 구성하는 모든 기자재의 규격, 크기, 용량 등을 산정하기 위한 계산 및 자료의 활용과 전기설비의 설계, 도면 및 시방서 작성, 점검 및 유지, 시험작동, 운용관리 등에 전문적인 역할과 전기안전 관리를 담당한다.

- 한 공사현장에서 공사를 시공, 감독하거나 제조공정의 관리, 발전, 소전 및 변전시설의 유지관리, 기타 전기시설에 관한 보안관리업무를 수행한다.

전기기사 · 산업기사의 전망

- 발전, 변전설비가 대형화되고 초고속·초저속 전기기기의 개발과 에너지 절약형, 저 손실 변압기, 전동력 속도제어기, 프로그래머블콘트럴러 등 신소재 발달로 인해 에너지 절약형 자동화기기의 개발, 또 내선설비의 고급화, 초고속 송전, 자연에너지 이용확대 등 신기술이 급격히 개발되고 있다. 이에 따라 안전하게 전기를 관리할 수 있는 전문인의 수요는 꾸준할 것으로 예상된다.

- 「전기사업법」 등 여러 법에서 전기의 이용과 설비 시공 등에서 안전관리를 위해 자격증 소지자를 고용하도록 하고 있어 자격증 취득시 취업이 유리한 편이다.

전기기사 · 산업기사 자격증의 다양한 활용

취업

- 한국전력공사를 비롯한 전기기기제조업체, 전기공사업체, 전기설계전문업체, 전기기기설비업체, 전기안전관리 대행업체, 환경시설업체 등에 취업
- 전기부품·장비·장치의 디자인 및 제조, 실험과 관련된 연구를 담당하기 위해 생산업체의 연구실 및 개발실에 종사하기도 함

가산점 제도

- 6급 이하 및 기술공무원 채용 시험 시 가산
- 공업직렬의 항공우주, 전기 직류와 해양교통시설 직류에서 8·9급 기능직, 기능 8급 이하일 경우 5%(6·7급 기능직, 기능 7급 이상일 경우 3 ~ 5%의 가산점 부여)
- 시설직렬의 도시계획, 일반토목, 농업토목, 교통시설, 도시교통설계직류에서 8·9급, 기능직 기능 8급 이하(6·7급, 기능직, 기능 7급 이상일 경우 5% 가산점 부여) ⇒ 기사만 해당
- 한국산업인력공단 일반직 5급 채용 시 필기시험 만점의 6% 가산
- 경찰공무원 채용 시험 시 가산점 부여

우대

- 국가기술자격법에 의해 공공기관 및 일반기업 채용 시 그리고 보수, 승진, 전보, 신분보장 등에 있어서 우대

전기공사기사 · 공사산업기사 안내

배울학 전기기사·전기공사기사

개요

전기는 우리의 일상생활에서뿐만 아니라 전 산업분야에서 필수불가결한 기본 에너지이지만 전력시설물의 시공을 포함한 전기공사에는 각별한 주의와 함께 전문성이 요구된다.
이에 따라 전기공사시 그리고 시공된 시설물의 유지 및 보수에 안전성을 확보하고 전문인력을 확보하고자 자격제도를 제정한다.

전기공사기사 · 공사산업기사의 역할

- 전기공사비의 적산, 공사공정계획의 수립, 시공과정에서 전기의 적정여부 관리 등 주로 기술적인 직무를 수행한다.
- 공사현장 대리인으로서 시공자를 대리하여 전기공사를 현장관리를 하는 동시에 발주자에 대해서는 시공자를 대신하여 업무를 수행한다.

전기공사기사 · 공사산업기사의 전망

- 전기가 전 산업에서의 기본 에너지임을 감안할 때 전기시설물의 시공과 점검 및 유지·보수에 대한 관심이 지속되어 관련 전문가의 수요는 계속될 것이다.
- 전기는 현대사회와 산업발전에 필수적인 에너지로써 전력수요량과 전기공사량은 경제 성장과 함께 한다고 할 수 있는데, 현재는 통신설비와 기기의 기술이 크게 발전하여 이와 관련된 전문가라고 하더라도 지속적인 첨단장비의 설치 기술능력이 요구된다.
- 「전기공사업법」에서도 전기공사의 규모별 전기기술자의 시공관리 구분을 규정함으로써 전기기술자 이외에는 자가로 전기공사업무를 수행할 수 없도록 규정하고 있기 때문에 자격증 취득 시 진출범위가 넓고 취업이 유리하여 매년 많은 인원이 응시하고 있다.

전기공사기사 · 공사산업기사 자격증의 다양한 활용

취업

- 한국전력공사를 비롯한 여러 공기업체, 전기공사업체, 발전소, 변전소, 설계회사, 감리회사, 조명공사업체, 변압기, 발전기, 전동기 수리업체 등 전기가 쓰이는 모든 전기공사시공업체에 취업가능
- 일부는 전기공사업체를 자영하거나 전기직 공무원으로 진출하기도 함

가산점 제도

- 6급 이하 및 기술공무원 채용 시험 시 가산
- 공업직렬의 항공우주, 전기 직류와 해양교통시설 직류에서 8·9급 기능직, 기능 8급 이하일 경우 5%(6·7급 기능직, 기능 7급 이상일 경우 3 ~ 5%의 가산점 부여)
- 시설직렬의 도시계획, 일반토목, 농업토목, 교통시설, 도시교통설계직류에서 8·9급, 기능직 기능 8급 이하(6·7급, 기능직, 기능 7급 이상일 경우 5% 가산점 부여) ⇒ 기사만 해당
- 한국산업인력공단 일반직 5급 채용 시 필기시험 만점의 6% 가산
- 경찰공무원 채용 시험 시 가산점 부여

우대

- 국가기술자격법에 의해 공공기관 및 일반기업 채용 시 그리고 보수, 승진, 전보, 신분보장 등에 있어서 우대

시험 안내

배울학 전기기사·전기공사기사

원서접수 안내

· 접수기간 내 큐넷(http://www.q-net.or.kr) 사이트를 통해 원서접수
  (원서접수 시작일 10:00 ~ 마감일 18:00)

· 시험수수료
  필기 : 19,400원
  실기 : 22,600원(기사) / 20,800원(산업기사)

응시자격

기사	· 동일(유사)분야 기사 · 산업기사 + 1년 · 기능사 + 3년 · 동일종목외 외국자격취득자	· 대졸(졸업예정자) · 3년제 전문대졸 + 1년 · 2년제 전문대졸 + 2년 · 기사수준의 훈련과정 이수자 · 산업기사수준 훈련과정 이수 + 2년
산업기사	· 동일(유사)분야 산업 기사 · 기능사 + 1년 · 동일종목외 외국자격취득자 · 기능경기대회 입상	· 전문대졸(졸업예정자) · 산업기사수준의 훈련과정 이수자

시험과목

구분	전기기사	전기공사기사
기사	① 전기자기학 ② 전력공학 ③ 전기기기 ④ 회로이론 및 제어공학 ⑤ 전기설비기술기준	① 전기응용 및 공사재료 ② 전력공학 ③ 전기기기 ④ 회로이론 및 제어공학 ⑤ 전기설비기술기준

구분	전기산업기사	전기공사산업기사
산업기사	① 전기자기학 ② 전력공학 ③ 전기기기 ④ 회로이론 ⑤ 전기설비기술기준	① 전기응용 ② 전력공학 ③ 전기기기 ④ 회로이론 ⑤ 전기설비기술기준

검정방법 및 시험시간

구분	필기		실기	
	검정방법	시험시간	검정방법	시험시간
전기(공사)기사	객관식 4지 택일	과목당 20문항 (과목당 30분)	필답형	필답형 (2시간 30분)
전기(공사) 산업기사	객관식 4지 택일	과목당 20문항 (과목당 30분)	필답형	필답형 (2시간)

시험방법

· 1년에 3회 시험을 치르며, 필기와 실기는 다른 날에 구분하여 시행

합격자 기준

· 필기 : 100점을 만점으로 하여 과목당 40점 이상, 전과목 평균 60점 이상
· 실기 : 100점을 만점으로 하여 60점 이상
· 필기시험에 합격한 자에 대하여는 필기시험 합격자 발표일로부터 2년간 필기시험을 면제

합격자 발표

· 최종 정답 발표는 인터넷(http://www.q-net.or.kr)을 통해 확인 가능
· 최종 합격자 발표는 발표일에 인터넷(http://www.q-net.or.kr) 또는 ARS(1666-0100)로 확인 가능

필기 출제 경향 분석

배울학 전기기사·전기공사기사

전기(공사)기사

분류		출제빈도 (%)
제어 시스템의 개념	1. 제어계의 종류	1%
	2. 제어장치의 분류	3%
	3. 변환기기	1%
총계		5%
라플라스 변환	1. 기본 라플라스 변환 공식	3%
	2. 라플라스 변환의 기본 정리	4%
	3. 라플라스 역변환	4%
총계		11%
전달 함수	1. 제어 시스템에서의 전달 함수	3%
	2. 회로망에서의 전달 함수	5%
	3. 블록 선도 및 신호 흐름 선도에서의 전달 함수	4%
	4. 블록 선도 및 신호 흐름 선도의 특수한 경우	2%
총계		14%
진상, 지상 보상기	1. 진상 보상기, 지상 보상기 회로망	2%
	2. 연산 증폭기 (OP Amp)	1%
총계		3%

분류		출제빈도 (%)
자동 제어의 과도 응답	1. 자동 제어의 과도 응답의 종류	3%
	2. 자동 제어의 과도 응답 특성	3%
	3. 특성 방정식의 근의 위치에 따른 응답 특성	3%
	4. 영점 및 극점	2%
	5. 제동비에 따른 제어계의 과도 응답 특성	3%
총계		14%
자동 제어의 편차와 감도	1. 자동 제어계의 정상 편차	3%
	2. 제어계의 형에 따른 편차	2%
	3. 제어 장치의 감도 (Sensitivity)	1%
총계		6%
자동 제어의 주파수 응답	1. 자동 제어계의 주파수 전달 함수	3%
	2. 보드 선도	2%
총계		5%
제어계의 안정도 판정	1. 루드(Routh) 표에 의한 안정도 판정법	5%
	2. 나이퀴스트 (Nyquist) 선도에 의한 안정도 판정	3%
총계		8%

분류		출제빈도 (%)
근 궤적	1. 근 궤적의 특성	2%
	2. 근 궤적 관련 공식	3%
	3. 근 궤적의 이탈점 (분지점 : break away point)	1%
총계		6%
제어계의 상태 해석	1. 제어계의 상태 방정식	3%
	2. 제어 시스템의 과도 응답(천이 행렬)	3%
	3. 제어 시스템의 제어 및 관측 가능성 판정	1%
	4. Z 변환	3%
총계		10%
시퀀스 제어	1. 기본 논리 회로	3%
	2. 조합 논리 회로	3%
	3. 논리 대수 및 드 모르간 정리	2%
총계		18%
합계		100%

목차

제어공학

Chapter 01. 제어 시스템의 개념 ········· 1
- 01. 제어계의 종류 ································ 2
- 02. 제어장치의 분류 ····························· 4
- 03. 변환기기 ·· 8
- ● 적중실전문제 ··································· 9

Chapter 02. 라플라스 변환 ············· 19
- 01. 기본 라플라스 변환 공식 ··············· 20
- 02. 라플라스 변환의 기본 정리 ············ 22
- 03. 라플라스 역변환 ··························· 26
- ● 적중실전문제 ································· 28

Chapter 03. 전달 함수 ···················· 45
- 01. 제어 시스템에서의 전달 함수 ········ 46
- 02. 회로망에서의 전달 함수 ················ 49
- 03. 블록 선도 및 신호 흐름 선도에서의 전달 함수 ······ 52
- 04. 블록 선도 및 신호 흐름 선도의 특수한 경우 ······· 55
- ● 적중실전문제 ································· 59

Chapter 04. 진상, 지상 보상기 ········· 81
- 01. 진상 보상기, 지상 보상기 회로망 ··· 82
- 02. 연산 증폭기(OP Amp) ················ 84
- ● 적중실전문제 ································· 85

Chapter 05. 자동 제어의 과도 응답 ······ 93
- 01. 자동 제어의 과도 응답의 종류 ······· 94
- 02. 자동 제어의 과도 응답 특성 ·········· 95
- 03. 특성 방정식의 근의 위치에 따른 응답 특성 ······ 96
- 04. 영점 및 극점 ······························· 98
- 05. 제동비에 따른 제어계의 과도 응답 특성 ······· 99
- ● 적중실전문제 ······························· 102

Chapter 06. 자동 제어의 편차와 감도 ··· 117
- 01. 자동 제어계의 정상 편차 ············ 118
- 02. 제어계의 형에 따른 편차 ············ 119
- 03. 제어 장치의 감도(Sensitivity) ···· 121
- ● 적중실전문제 ······························· 122

Chapter 07. 자동 제어의 주파수 응답 ··· 129
- 01. 자동 제어계의 주파수 전달 함수 ·· 130
- 02. 보드 선도 ···································· 133
- ● 적중실전문제 ······························· 135

Chapter 08. 제어계의 안정도 판정 ······ 143
- 01. 루드(Routh) 표에 의한 안정도 판정법 ······ 144
- 02. 나이퀴스트(Nyquist) 선도에 의한 안정도 판정 ··· 145
- ● 적중실전문제 ······························· 148

Chapter 09. 근 궤적 ······················· 163
- 01. 근 궤적의 특성 ···························· 164
- 02. 근 궤적 관련 공식 ······················· 164
- 03. 근 궤적의 이탈점(분지점 : break away point) ··· 166
- ● 적중실전문제 ······························· 167

Chapter 10. 제어계의 상태 해석 ········ 173
- 01. 제어계의 상태 방정식 ················· 174
- 02. 제어 시스템의 과도 응답(천이 행렬) ··· 175
- 03. 제어 시스템의 제어 및 관측 가능성 판정 ······ 176
- 04. Z 변환 ·· 177
- ● 적중실전문제 ······························· 180

Chapter 11. 시퀀스 제어 ················· 191
- 01. 기본 논리 회로 ···························· 192
- 02. 조합 논리 회로 ···························· 194
- 03. 논리 대수 및 드 모르간 정리 ······· 195
- ● 적중실전문제 ······························· 196

Chapter 01

제어 시스템의 개념

01. 제어계의 종류

02. 제어장치의 분류

03. 변환기기

- 적중실전문제

Chapter 01 제어 시스템의 개념

01 제어계의 종류

1) 개루프 제어계
   (1) 입력이 적당한 제어량으로 변환되어 곧바로 출력으로 나타나는 제어계
   (2) 구조는 간단하지만, 오차가 크다.

2) 폐루프 제어계
   (1) 출력신호를 다시 검출하여 부궤환시켜 입력과 비교한 후 제어요소에서 오차를 보정한 후, 출력으로 내보내는 제어계
   (2) 구조는 다소 복잡하지만, 오차가 적다.

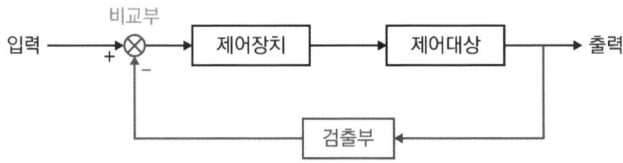

예제 1

궤환 제어계에서 반드시 필요한 것은?
① 정확도를 높이는 장치 ② 구동 장치
③ 안정도를 높이는 장치 ④ 입력과 출력을 비교하는 장치

【해설】
폐루프 제어계(부궤환 제어계)에서는 오차를 보정하기 위해서 입력과 출력을 비교하는 비교부가 필수적인 구성 요소이다.

[답] ④

3) 폐루프 제어계의 구성 요소

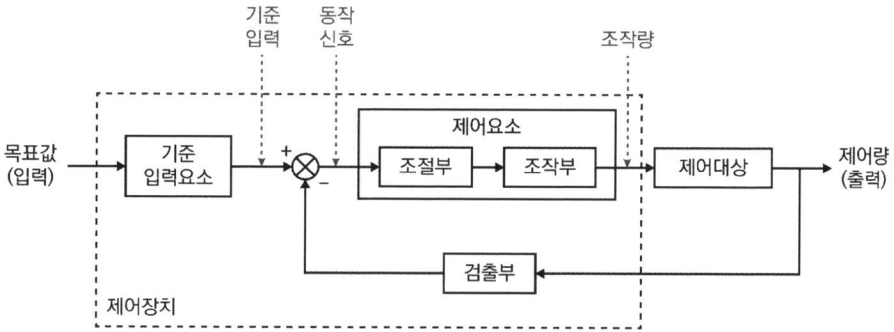

(1) 제어요소 : 조절부와 조작부로 구성
(2) 비교부 : 입력과 출력값을 비교하여 오차량을 측정하는 부분
(3) 조작량 : 제어 요소가 제어 대상에 주는 양

예제 2

제어 요소가 제어 대상에 주는 양은?
① 기준 입력　　② 동작 신호　　③ 제어량　　④ 조작량

【해설】
동작 신호를 제어 요소에 있는 조절부와 조작부를 통하여 적당한 조작량으로 변환하여 제어 대상에 보내주게 된다.

[답] ④

예제 3

제어 요소는 무엇으로 구성되어 있는가?
① 검출부와 제어 대상　　② 검출부와 조절부
③ 검출부와 조작부　　　　④ 조절부와 조작부

【해설】
제어 요소는 동작 신호를 적당히 조절시키는 조절부와 조절부에서 나온 신호를 직접 출력에 알맞은 신호로 변환하는 조작부로 구성되어 있다.

[답] ④

02 제어장치의 분류

1) 제어량의 종류에 의한 분류
   (1) 프로세스 제어
       - **생산 공장에서 주로 사용**하는 제어
         (온도, 압력, 유량, 밀도 등을 제어)

   (2) 서보 기구
       - 기계적 변위를 제어량으로 해서 **목표값의 변화에 추종**하는 제어
         (물체의 위치, 방위(각도), 자세 등을 제어)

   (3) 자동 조정
       - 주로 **전기적 신호나 기계적인 양**을 제어
         (전압, 전류, 주파수, 회전수, 힘(토크) 등을 제어)

예제 4

제어량의 종류에 의한 자동 제어의 분류가 아닌 것은?
① 프로세스 제어　　　② 서보 기구
③ 추종 제어　　　　　④ 자동 조정

【해설】
제어량의 종류에 의한 분류 : (1) 프로세스 제어　(2) 서보 기구　(3) 자동 조정

[답] ③

예제 5

서보 기구에서 직접 제어되는 제어량은 주로 어느 것인가?
① 압력, 유량, 액위, 온도　　　② 수분, 화학 성분
③ 위치, 각도　　　　　　　　　④ 전압, 전류, 회전 속도, 힘

【해설】
서보기구 : 물체의 위치, 방위(각도), 자세 등을 제어

[답] ③

2) 목표값의 시간적 성질에 의한 분류

(1) 정치 제어
- 목표값이 시간이 지나도 변화하지 않고 **일정한 대상**을 제어
  (프로세스 제어, 자동 조정이 이에 해당)

(2) 추치 제어
- 목표값이 시간이 경과할 때마다 **변화하는 대상**을 제어
  (추종 제어, 프로그램 제어, 비율 제어가 이에 해당)
- 프로그램 제어 : 미리 정해진 절차에 따라 제어하는 것
  (엘리베이터 운전, 열차의 무인 운전)

예제 6

자동 제어의 추치 제어 3종이 아닌 것은?
① 프로세스 제어   ② 추종 제어
③ 비율 제어   ④ 프로그램 제어

【해설】
추치 제어 : (1) 추종 제어   (2) 프로그램 제어   (3) 비율 제어

[답] ①

예제 7

열차의 무인 운전을 위한 제어는 어느 것에 속하는가?
① 프로세스 제어   ② 추종 제어
③ 비율 제어   ④ 프로그램 제어

【해설】
프로그램 제어 : (1) 엘리베이터 운전   (2) 열차의 무인 운전

[답] ④

3) 조절부의 동작에 의한 분류

  (1) 비례 제어(P 제어)
    ① 검출값 편차에 비례하여 조작부를 제어하는 것
    ② 오차가 크고, 동작 속도가 느리다.
    ③ 전달 함수 : $G(S) = K$ (단, K : 비례 감도)

  (2) 미분 제어(D 제어)
    ① 오차가 검출될 때 오차가 변화하는 속도에 대응하여 미분 제어
    ② 오차가 커지는 것을 미연에 방지한다.
    ③ 전달 함수 : $G(S) = T_d S$ (단, T_d : 미분 시간)

  (3) 적분 제어(I 제어)
    ① 오차가 검출될 때 오차에 해당되는 면적을 계산하기 위해 적분 제어
    ② 잔류 편차(오차)를 제거하여 정확도를 높인다.
    ③ 전달 함수 : $G(S) = \dfrac{1}{T_i S}$ (단, T_i : 적분 시간)

  (4) 비례 미분 제어(PD 제어)
    ① 비례 제어의 속도가 느린 점을 보완하기 위해 미분 동작을 부가한 것
    ② 제어 장치의 응답 속응성을 높인다.
    ③ 전달 함수 : $G(S) = K(1 + T_d S)$

  (5) 비례 적분 제어(PI 제어)
    ① 비례 제어의 오차가 큰 점을 보완하기 위해 적분 동작을 부가한 것
    ② 제어 장치의 정확도를 높인다.
    ③ 전달 함수 : $G(S) = K\left(1 + \dfrac{1}{T_i S}\right)$

  (6) 비례 적분 미분 제어(PID 제어)
    ① PI 동작에 미분 동작(D 제어)을 추가한 제어
    ② 제어 장치의 정확도 및 응답 속응성까지 개선시킨다.
    ③ 전달 함수 : $G(S) = K\left(1 + \dfrac{1}{T_i S} + T_d S\right)$

예제 8
적분 시간이 3분, 비례 감도가 5인 PI 조절계의 전달 함수는?

① $5+3S$ ② $5+\dfrac{1}{3S}$ ③ $\dfrac{3S}{15S+5}$ ④ $\dfrac{15S+5}{3S}$

【해설】
PI 제어계 : P(비례 제어) + I(적분 제어)
$$G(S) = K\left(1 + \dfrac{1}{T_i S}\right) = K + \dfrac{K}{T_i S} = 5 + \dfrac{5}{3S} = \dfrac{15S+5}{3S}$$

[답] ④

예제 9
진동이 일어나는 장치의 진동을 억제시키는데 가장 효과적인 제어 동작은?
① on-off 동작 ② 비례 동작 ③ 미분 동작 ④ 적분 동작

【해설】
제어 장치에서 진동이 일어나면 제어 장치의 출력에서 오차가 커질 수 있으므로 미분 동작을 행하여 오차가 발생하는 것을 미연에 방지시킨다.

[답] ③

예제 10
어떤 자동 조절기의 전달 함수에 대한 설명 중 옳지 않은 것은?
$$G(S) = K_p\left(1 + \dfrac{1}{T_i S} + T_d S\right)$$

① 이 조절기는 비례-적분-미분 동작 조절기이다.
② K_p를 비례 감도라고도 한다.
③ T_d는 미분 시간 또는 레이트 시간(rate time)이라 한다.
④ T_i는 리셋 율(reset rate)이다.

【해설】
T_i는 적분 시간을 의미한다.

[답] ④

03 변환기기

1) 변환기기의 역할
   제어 장치는 입력이 매우 다양하므로 제어 요소가 동작하는데 용이하도록 입력을 변환하는 장치가 필요하다.

2) 변환기기의 종류
   (1) 압력 → 변위 : 벨로우즈, 다이어프램, 스프링
   (2) 변위 → 압력 : 노즐 플래퍼, 유압 분사관, 스프링
   (3) 변위 → 전압 : 차동 변압기, 전위차계
   (4) 전압 → 변위 : 전자석, 전자 코일
   (5) 온도 → 전압 : 열전대

예제 11

변위→압력의 변환 장치는?
① 벨로우즈　　② 가변 저항기　　③ 다이어프램　　④ 유압 분사관

【해설】
변위를 압력으로 바꾸는 변환 장치로서는 노즐 플래퍼, 유압 분사관, 스프링 등이 있다.
　　　　　　　　　　　　　　　　　　　　　　　　　　　　　　　　　　[답] ④

Chapter 01. 제어 시스템의 개념

적중실전문제

★★★★★

1. 피드백 제어계에서 제어 요소에 대한 설명 중 옳은 것은?
   ① 목표치에 비례하는 신호를 발생시키는 요소이다.
   ② 조절부와 검출부로 구성되어 있다.
   ③ 조작부와 검출부로 구성되어 있다.
   ④ 동작 신호를 조작량으로 변환시키는 요소이다.

   해설 1
   제어 요소 : 동작 신호를 받아서 제어 요소 내에 있는 조절부와 조작부로서, 적당한 조작량으로 변환시켜 제어 대상에 보낸다.

   [답] ④

★★★★★

2. 인가 직류 전압을 변화시켜서 전동기의 회전수를 800[rpm]으로 하고자 한다. 이 경우 회전수는 어느 용어에 해당하는가?
   ① 목표값   ② 조작량   ③ 제어량   ④ 제어 대상

   해설 2
   제어량 : 제어된 제어 대상의 양을 말하며, 보통은 출력을 의미한다.

   [답] ③

★★★★★

3. 전기로의 온도를 900[℃]로 일정하게 유지시키기 위하여 열전 온도계의 지시값을 보면서 전압 조정기로 전기로에 대한 인가 전압을 조절하는 장치가 있다. 이 경우 열전 온도계는 어느 용어에 해당되는가?
   ① 검출부   ② 조작량   ③ 조작부   ④ 제어량

   해설 3
   열전 온도계로서 출력에서 나오는 전기로의 온도를 측정하여 비교부에 보내지게 되므로 열전 온도계는 검출부에 해당된다.

   [답] ①

4. 제어 장치가 제어 대상에 가하는 제어 신호로 제어 장치의 출력인 동시에 제어 대상의 입력인 신호는?

　① 목표값　　② 조작량　　③ 제어량　　④ 동작 신호

> **해설 4**
> 제어 장치에서 나온 신호를 조작량이라 하며, 조작량은 제어 대상으로 들어가게 되므로 제어 장치의 출력이면서도 제어 대상의 입력에 해당된다.
>
> [답] ②

5. 주파수를 제어하고자 하는 경우 이는 어느 제어에 속하는가?

　① 비율 제어　　② 추종 제어
　③ 비례 제어　　④ 정치 제어

> **해설 5**
> 정치 제어 : (1) 프로세스 제어 (2) 자동 조정(전압, 전류, 주파수 등을 제어)
>
> [답] ④

6. 자동 조정계가 속하는 제어는?

　① 추종 제어　　② 정치 제어
　③ 프로그램 제어　　④ 비율 제어

> **해설 6**
> 정치 제어 : (1) 프로세스 제어 (2) 자동 조정(전압, 전류, 주파수 등을 제어)
>
> [답] ②

7. 자동 제어의 추치 제어 3종이 아닌 것은?

　① 프로세스 제어　　② 추종 제어
　③ 비율 제어　　④ 프로그램 제어

해설 7

추치 제어 : (1) 추종 제어 (2) 프로그램 제어 (3) 비율 제어

[답] ①

8. 다음 중 프로세스 제어(process control)에 속하지 않는 것은?
 ① 온도   ② 압력   ③ 유량   ④ 자세

해설 8

서보 기구의 제어량의 종류 : 물체의 위치, 방위, 자세

[답] ④

9. 연료의 유량과 공기의 유량과의 사이의 비율을 연소에 적합한 것으로 유지하고자 하는 제어는?
 ① 비율 제어   ② 추종 제어
 ③ 프로그램 제어   ④ 시퀀스 제어

해설 9

비율 제어의 예 : (1) 보일러의 자동 연소 제어   (2) 암모니아 합성

[답] ①

10. PI 동작은 공정 제어계의 무엇을 개선하기 위하여 쓰이고 있는가?
 ① 속응성   ② 정상 특성   ③ 이득   ④ 안정도

해설 10

비례-적분 제어계(PI 동작) : 제어 장치의 잔류 편차를 제거하여 정상 특성이 개선된다.

[답] ②

11. 다음의 제어량에서 추종 제어에 속하지 않는 것은?
　① 유량　　② 위치　　③ 방위　　④ 자세

> **해설 11**
> 추종 제어의 대표적인 종류는 서보 기구로서, 위치, 방위, 자세가 제어량의 종류이다.
>
> [답] ①

12. 잔류 편차가 있는 제어계는?
　① 비례 제어계(P 제어계)　　② 비례 적분 제어계(PI 제어계)
　③ 적분 제어계(I 제어계)　　④ 비례 적분 미분 제어계(PID 제어계)

> **해설 12**
> 비례 제어계는 가장 간단한 동작을 하는 제어 장치로서, 잔류 편차가 크고 속도가 느리다.
>
> [답] ①

13. 정상 특성과 속응성을 동시에 개선시키려면, 다음 어느 제어를 사용하여야 하는가?
　① P 제어　　② PI 제어　　③ PD 제어　　④ PID 제어

> **해설 13**
> PID 제어는 적분 기능과 미분 기능을 동시에 갖춘 제어 장치로서, 정상 특성과 응답 속응성이 최적이다.
>
> [답] ④

14. off-set을 제거하기 위한 제어법은?
　① 비례 제어　　② 적분 제어
　③ on-off 제어　　④ 미분 제어

해설 14
적분 제어는 입력과 출력의 편차에 해당하는 면적을 적분으로 계산하여 제어 장치의 조작부를 제어하여 off-set을 제거시킨다.

[답] ②

15. 다음 중 불연속 제어계는?
  ① 비례 제어
  ② 미분 제어
  ③ 적분 제어
  ④ on-off 제어

해설 15
on-off 제어는 회로를 단순히 구동, 정지 동작만 행하므로 불연속 제어이다.

[답] ④

16. 엘리베이터의 자동 제어는 다음 중 어느 것에 속하는가?
  ① 추종 제어
  ② 프로그램 제어
  ③ 정치 제어
  ④ 비율 제어

해설 16
프로그램 제어 : (1) 열차의 무인 운전   (2) 엘리베이터의 자동 운전

[답] ②

17. 진동이 일어나는 장치의 진동을 억제시키는데 가장 효과적인 제어 동작은?
  ① on-off 동작
  ② 비례 동작
  ③ 미분 동작
  ④ 적분 동작

해설 17
미분 제어계로서 미분 동작을 행하면 제어 장치의 기울기를 미리 조정하여 제어장치의 출력 응답 특성을 개선시켜 진동을 제거시킬 수 있다.

[답] ③

18. 온도, 유량, 압력 등의 공업 프로세스 상태량을 제어량으로 하는 제어계로서 프로세스에 가해지는 외란의 억제를 주 목적으로 하는 것은?

① 프로세스 제어 ② 자동 제어
③ 서보 기구 ④ 정치 제어

해설 18
프로세스 제어 : 플랜트나 생산 공정 중의 상태량을 제어량으로 하는 제어로서, 제어량의 대상은 주로 온도, 압력, 유량, 농도 등이다

[답] ①

19. 제어계에서 가장 많이 이용되는 전자 요소는?

① 변조기 ② 증폭기
③ 주파수 변환기 ④ 가산기

해설 19
모든 제어 장치는 입력 신호가 직접 제어하기에는 매우 미약하므로 증폭기로서 제어에 알맞은 신호로 증폭시켜야 한다.

[답] ②

20. PI 제어 동작은 프로세스 제어계의 정상 특성 개선에 흔히 쓰인다. 이것에 대응하는 보상 요소는?

① 지상 보상 요소 ② 진상 보상 요소
③ 진지상 보상 요소 ④ 동상 보상 요소

해설 20
(1) PI 제어계 : 지상 요소
(2) PD 제어계 : 진상 요소

[답] ①

21. PI 제어 동작은 공정 제어계의 무엇을 개선하기 위해 쓰이고 있는가?
① 속응성　　　　　② 정상 특성
③ 이득　　　　　　④ 안정도

해설 21
(1) PI 제어계 : 정상 특성 개선
(2) PD 제어계 : 속응성 향상

[답] ②

22. 다음 중 온도를 전압으로 변환시키는 요소는?
① 차동 변압기　　　② 열전대
③ 측온 저항　　　　④ 광전지

해설 22
열전대는 제어벡 효과를 이용하여 폐회로의 온도차를 전압으로 변환시킨다.

[답] ②

23. 비례 적분 동작을 하는 PI 조절계의 전달 함수는?
① $K_p\left(1+\dfrac{1}{T_iS}\right)$　　　② $K_p+\dfrac{1}{T_iS}$
③ $1+\dfrac{1}{T_iS}$　　　　　④ $\dfrac{K_p}{T_iS}$

해설 23
PI 제어계 (비례(P) + 적분(I))의 전달 함수 :
$$G(S) = K_p + \frac{K_p}{T_iS} = K_p\left(1+\frac{1}{T_iS}\right)$$

[답] ①

★★☆☆☆

24. 조작량 $y(t)$가 다음과 같이 표시되는 PID 동작에서 비례 감도, 적분 시간, 미분 시간은?

$$y(t) = 4z(t) + 1.6\frac{d}{dt}z(t) + \int z(t)dt$$

① 2, 0.4, 4   ② 2, 4, 0.4   ③ 4, 4, 0.4   ④ 4, 0.4, 4

해설 24

(1) 주어진 방정식을 라플라스 변환하여 정리하면,
- $Y(S) = 4Z(S) + 1.6SZ(S) + \dfrac{1}{S}Z(S) = 4Z(S)\left(1 + 0.4S + \dfrac{1}{4S}\right)$

(2) 따라서, 전달 함수는,
- $G(S) = \dfrac{Y(S)}{Z(S)} = 4\left(1 + 0.4S + \dfrac{1}{4S}\right) = K_p\left(1 + T_d S + \dfrac{1}{T_i S}\right)$

(3) 비례 감도(K_p)=4,   적분 시간(T_i)=4,   미분 시간(T_d)=0.4

[답] ③

★★☆☆☆

25. 압력→변위의 변환 장치는?
① 노즐 플래퍼   ② 차동 변압기
③ 다이어프램   ④ 전자석

해설 25

압력을 변위로 변환시키는 장치 : 벨로우즈, 다이어프램, 스프링

[답] ③

★★☆☆☆

26. 조작량 $y = 4x + \dfrac{d}{dt}x + 2\int x\,dt$로 표시되는 PID 동작에 있어서 미분 시간과 적분 시간은?

① 4, 2   ② $\dfrac{1}{4}$, 2

③ $\dfrac{1}{2}$, 4   ④ $\dfrac{1}{4}$, 4

해설 26

(1) 주어진 방정식을 라플라스 변환하여 정리하면,
- $Y = 4X + SX + \dfrac{2}{S}X = 4X\left(1 + \dfrac{1}{4}S + \dfrac{1}{2S}\right)$

(2) 따라서, 전달 함수는,
- $G = \dfrac{Y}{X} = 4\left(1 + \dfrac{1}{4}S + \dfrac{1}{2S}\right)$

(3) 비례 감도(K_p)=4,   미분 시간(T_d)=2,   적분 시간(T_i) = $\dfrac{1}{4}$

[답] ②

27. 제어계 전달 함수가 $\dfrac{2S+5}{7S}$ 인 제어계가 있다. 이 제어계는 어떤 제어계인가?

① 비례 미분 제어계   ② 적분 제어계
③ 비례 적분 제어계   ④ 비례 적분 미분 제어계

해설 27

$\dfrac{2S+5}{7S} = \dfrac{2}{7} + \dfrac{5}{7S} = \dfrac{2}{7}\left(1 + \dfrac{2.5}{S}\right)$ 의 형태로서 비례 적분 제어계이다.

[답] ③

MEMO

Chapter 02

라플라스 변환

01. 기본 라플라스 변환 공식

02. 라플라스 변환의 기본 정리

03. 라플라스 역변환

- 적중실전문제

Chapter 02 라플라스 변환

01 기본 라플라스 변환 공식

1) 라플라스 변환의 정의
(1) 제어 장치는 시간 함수 $f(t)$를 인식하지 못하므로 제어 장치가 받아들일 수 있는 주파수 함수 $F(j\omega) = F(S)$로 변환하여 다루어야 한다.

(2) 즉, 제어공학에서는 다음과 같은 라플라스 변환 공식을 사용하여 시간 함수를 주파수 함수로 바꾸어 주어야 한다.
- $F(S) = \int_0^\infty f(t) e^{-st} dt$

예제 1

함수 $f(t)$의 라플라스 변환은 어떤 식으로 정의되는가?

① $\int_{-\infty}^{\infty} f(t) e^{st} dt$
② $\int_{-\infty}^{\infty} f(t) e^{-st} dt$
③ $\int_{0}^{\infty} f(t) e^{-st} dt$
④ $\int_{0}^{\infty} f(t) e^{st} dt$

【해설】
제어공학에서는 다음과 같은 라플라스 변환 공식을 사용하여 시간 함수를 주파수 함수로 바꾸어 주어야 한다.
- $F(S) = \int_0^\infty f(t) e^{-st} dt$

[답] ③

2) 자주 쓰이는 기본 라플라스 변환 공식

라플라스 변환 공식을 이용하여 시간 함수를 주파수 함수로 바꾸면 다음과 같은 기본적인 라플라스 변환 결과 식을 얻어낼 수 있다.

시간 함수 $f(t)$	주파수 함수 $F(S)$
임펄스 함수 : $\delta(t)$	1
단위 계단 함수 : $u(t) = 1$	$\dfrac{1}{s}$
속도 함수 : t	$\dfrac{1}{s^2}$
가속도 함수 : t^2	$\dfrac{2!}{s^3}$
지수 함수 : e^{at}	$\dfrac{1}{s-a}$
삼각 함수 : $\sin\omega t$	$\dfrac{\omega}{s^2+\omega^2}$
삼각 함수 : $\cos\omega t$	$\dfrac{s}{s^2+\omega^2}$

예제 2

단위 계단 함수 $u(t)$의 라플라스 변환은?

① e^{-st} ② $\dfrac{1}{s}e^{-st}$ ③ $\dfrac{1}{e^{-st}}$ ④ $\dfrac{1}{s}$

【해설】

단위 계단 함수 $u(t)$의 라플라스 변환 : $f(t) = u(t) = 1 \;\Rightarrow\; F(S) = \dfrac{1}{s}$

[답] ④

예제 3

단위 임펄스 함수 $\delta(t)$의 라플라스 변환은?

① 0 ② 1 ③ $\dfrac{1}{s}$ ④ $\dfrac{1}{s+a}$

【해설】

단위 임펄스 함수 $\delta(t)$의 라플라스 변환 : $f(t) = \delta(t) \;\Rightarrow\; F(S) = 1$

[답] ②

예제 4

$\cos \omega t$ 의 라플라스 변환은?

① $\dfrac{s}{s^2-\omega^2}$ ② $\dfrac{s}{s^2+\omega^2}$ ③ $\dfrac{\omega}{s^2-\omega^2}$ ④ $\dfrac{\omega}{s^2+\omega^2}$

【해설】

삼각 함수 $\cos \omega t$ 의 라플라스 변환 : $f(t) = \cos \omega t \;\Rightarrow\; F(S) = \dfrac{s}{s^2+\omega^2}$

[답] ②

예제 5

e^{-2t} 의 라플라스 변환은?

① $\dfrac{1}{s-2}$ ② $\dfrac{1}{s+2}$ ③ $\dfrac{1}{s^2-2^2}$ ④ $\dfrac{1}{s^2+2^2}$

【해설】

지수 함수 e^{at} 의 라플라스 변환 : $f(t) = e^{at} \;\Rightarrow\; F(S) = \dfrac{1}{s-a}$ 에서 $a = -2$ 이므로,

$e^{-2t} \to \dfrac{1}{s-(-2)} = \dfrac{1}{s+2}$ 가 된다.

[답] ②

02 라플라스 변환의 기본 정리

1) 미분 정리, 적분 정리

(1) 미분 식의 라플라스 변환

- $\mathcal{L}\left(\dfrac{d}{dt}\right) = s, \quad \mathcal{L}\left(\dfrac{d^2}{dt^2}\right) = s^2$

(2) 적분 식의 라플라스 변환

- $\mathcal{L}\left(\int dt\right) = \dfrac{1}{s}$

예제 6

$e_i(t) = R\,i(t) + L\dfrac{di(t)}{dt} + \dfrac{1}{C}\int i(t)\,dt$ 에서 모든 초기 조건을 0으로 하고 라플라스 변환하면 어떻게 되는가?

① $I(S) = \dfrac{Cs}{LCs^2 + RCs + 1} E_i(s)$
② $I(S) = \dfrac{1}{LCs^2 + RCs + 1} E_i(s)$
③ $I(S) = \dfrac{LCs}{LCs^2 + RCs + 1} E_i(s)$
④ $I(S) = \dfrac{C}{LCs^2 + RCs + 1} E_i(s)$

【해설】
(1) 우선, 문제에 주어진 미분 방정식을 라플라스 변환하면,
$$e_i(t) = R\,i(t) + L\dfrac{di(t)}{dt} + \dfrac{1}{C}\int i(t)\,dt \;\Rightarrow\; E_i(s) = R\,I(s) + Ls\,I(s) + \dfrac{1}{Cs}I(s)$$
(2) 따라서, 전류 $I(s)$에 대하여 식을 정리하면,
$$E_i(s) = \left\{R + Ls + \dfrac{1}{Cs}\right\}I(s) \;\Rightarrow\; \therefore\; I(s) = \dfrac{E_i(s)}{R + Ls + \dfrac{1}{Cs}} = \dfrac{Cs}{LCs^2 + RCs + 1}$$

[답] ①

2) 시간 추이(지연) 정리

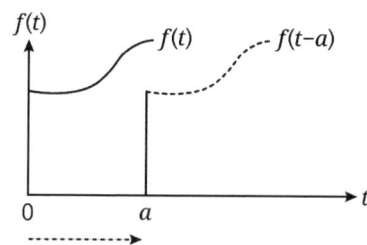

$\mathcal{L}[f(t)] = F(s)$이고, $f(t)$를 시간 t의 양의 방향으로 a만큼 이동한 함수(시간이 지연된 함수) $f(t-a)$에 대한 라플라스 변환은 다음과 같다.

- $\mathcal{L}[f(t-a)] = F(s)e^{-as}$

예제 7

$u(t-T)$를 라플라스 변환하면?

① $\frac{1}{s}e^{-Ts}$ ② $\frac{1}{s^2}e^{-Ts}$ ③ $\frac{1}{s^2}e^{Ts}$ ④ $\frac{1}{s}e^{Ts}$

【해설】
시간 추이 정리에 의하여,
$f(t) = u(t-T) \Rightarrow F(s) = \frac{1}{s}e^{-Ts}$

[답] ①

3) 복소 추이 정리

$\mathcal{L}[f(t)] = F(s)$일 때, $e^{\pm at}f(t)$에 대한 라플라스 변환은 다음과 같다.

- $\mathcal{L}[e^{\pm at}f(t)] = F(s \mp a)$

예제 8

함수 $f(t) = te^{at}$를 옳게 라플라스 변환시킨 것은?

① $F(s) = \frac{1}{(s-a)^2}$ ② $F(s) = \frac{1}{s-a}$

③ $F(s) = \frac{1}{s(s-a)}$ ④ $F(s) = \frac{1}{s(s-a)^2}$

【해설】
복소 추이 정리에 의하여,
$f(t) = te^{at} \Rightarrow F(s) = \frac{1}{(s-a)^2}$

[답] ①

4) 초기값 정리, 최종값(정상값) 정리

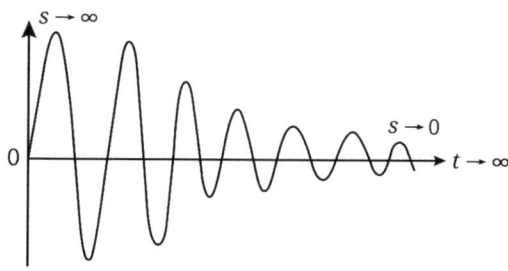

(1) 초기값 정리

시간 함수가 $t \to 0$ 의 시점에서 주파수 함수는 극한, 즉 $s \to \infty$ 으로 향한다.

- $\lim_{t \to 0} f(t) = \lim_{s \to \infty} s\, F(s)$

(2) 최종값 정리

시간 함수가 $t \to \infty$ 의 시점에서 주파수 함수는 극한, 즉 $s \to 0$ 으로 향한다.

- $\lim_{t \to \infty} f(t) = \lim_{s \to 0} s\, F(s)$

예제 9

$F(s) = \dfrac{3s+10}{s^3+2s^2+5s}$ 일 때 $f(t)$ 의 최종값은?

① 0   ② 1   ③ 2   ④ 3

【해설】

$\lim_{t \to \infty} f(t) = \lim_{s \to 0} s\, F(s) = \lim_{s \to 0} s \times \dfrac{3s+10}{s^3+2s^2+5s} = \lim_{s \to 0} \dfrac{3s+10}{s^2+2s+5} = 2$

[답] ③

03 라플라스 역변환

1) 1차 함수의 부분 분수 전개

- $F(s) = \dfrac{1}{(s+1)(s+2)}$ 와 같은 분모가 1차인 부분 분수 전개는 다음과 같다.

- $F(s) = \dfrac{1}{(s+1)(s+2)} = \dfrac{A}{s+1} + \dfrac{B}{s+2}$

여기서, 계수 A, B를 구하는 방법은,

- $A = \dfrac{1}{(s+1)(s+2)} \times (s+1) = \left. \dfrac{1}{s+2} \right|_{s=-1} = 1$

- $B = \dfrac{1}{(s+1)(s+2)} \times (s+2) = \left. \dfrac{1}{s+1} \right|_{s=-2} = -1$

예제 10

$\dfrac{1}{s(s+1)}$ 의 라플라스 역변환을 구하면?

① $e^{-t}\sin t$ ② $1+e^{-t}$ ③ $1-e^{-t}$ ④ $e^{-t}\cos t$

【해설】

(1) 우선, 주어진 식을 부분 분수 전개하면,

- $\dfrac{1}{s(s+1)} = \dfrac{A}{s} + \dfrac{B}{s+1}$,

  - $A = \dfrac{1}{s(s+1)} \times s = \left. \dfrac{1}{s+1} \right|_{s=0} = 1$, $B = \dfrac{1}{s(s+1)} \times (s+1) = \left. \dfrac{1}{s} \right|_{s=-1} = -1$

(2) 따라서, 라플라스 역변환하여,

- $\dfrac{1}{s} - \dfrac{1}{s+1} \;\Rightarrow\; 1 - e^{-t}$

[답] ③

2) 2차 함수의 부분 분수 전개

- $F(s) = \dfrac{1}{(s+1)^2(s+2)}$ 와 같은 분모가 2차인 부분 분수 전개는 다음과 같다.

- $F(s) = \dfrac{1}{(s+1)^2(s+2)} = \dfrac{A}{(s+1)^2} + \dfrac{B}{s+1} + \dfrac{C}{s+2}$

여기서, 계수 A, B, C를 구하는 방법은,

- $A = \dfrac{1}{(s+1)^2(s+2)} \times (s+1)^2 = \left|\dfrac{1}{s+2}\right|_{s=-1} = 1$

- $B = \dfrac{d}{ds}\left\{\dfrac{1}{(s+1)^2(s+2)} \times (s+1)^2\right\} = \dfrac{d}{ds}\left\{\dfrac{1}{s+2}\right\} = \left|\dfrac{-1}{(s+2)^2}\right|_{s=-1} = -1$

- $C = \dfrac{1}{(s+1)^2(s+2)} \times (s+2) = \left|\dfrac{1}{(s+1)^2}\right|_{s=-2} = 1$

예제 11

$F(s) = \dfrac{1}{(s+1)^2(s+2)}$ 의 역라플라스 변환을 구하면?

① $e^{-t} + te^{-t} + e^{-2t}$
② $-e^{-t} + te^{-t} + e^{-2t}$
③ $e^{-t} - te^{-t} + e^{-2t}$
④ $e^{t} + te^{t} + e^{2t}$

【해설】
(1) 우선, 주어진 식을 부분 분수 전개하면,

- $\dfrac{1}{(s+1)^2(s+2)} = \dfrac{A}{(s+1)^2} + \dfrac{B}{(s+1)} + \dfrac{C}{s+2}$

- $A = \dfrac{1}{(s+1)^2(s+2)} \times (s+1)^2 = \left|\dfrac{1}{s+2}\right|_{s=-1} = 1$

- $B = \dfrac{d}{ds}\left\{\dfrac{1}{(s+1)^2(s+2)} \times (s+1)^2\right\} = \dfrac{d}{ds}\left\{\dfrac{1}{(s+2)}\right\}$

  $= \left|\dfrac{0 \times (s+2) - 1 \times 1}{(s+2)^2}\right|_{s=-1} = -1$

- $C = \dfrac{1}{(s+1)^2(s+2)} \times (s+2) = \left|\dfrac{1}{(s+1)^2}\right|_{s=-2} = 1$

(2) 따라서, 라플라스 역변환하여,

- $\dfrac{1}{(s+1)^2} - \dfrac{1}{s+1} + \dfrac{1}{s+2} \Rightarrow te^{-t} - e^{-t} + e^{-2t}$

[답] ②

Chapter 02. 라플라스 변환
적중실전문제

1. $\int_0^t f(t)\,dt$를 라플라스 변환하면?

① $s^2 F(s)$　　② $s\,F(s)$　　③ $\dfrac{1}{s}F(s)$　　④ $\dfrac{1}{s^2}F(s)$

해설 1

적분 정리에 의하여, $\int_0^t f(t)\,dt$의 라플라스 변환은 $\dfrac{1}{s}F(s)$이다.

[답] ③

2. 함수 $f(t) = 1 - e^{-at}$를 라플라스 변환하면?

① $\dfrac{1}{s+a}$　　② $\dfrac{1}{s(s+a)}$　　③ $\dfrac{a}{s}$　　④ $\dfrac{a}{s(s+a)}$

해설 2

$f(t) = 1 - e^{-at} \;\Rightarrow\; F(s) = \dfrac{1}{s} - \dfrac{1}{s+a} = \dfrac{s+a-s}{s(s+a)} = \dfrac{a}{s(s+a)}$

[답] ④

3. 단위 계단 함수 $u(t)$에 상수 5를 곱해서 라플라스 변환식을 구하면?

① $\dfrac{5}{s}$　　② $\dfrac{5}{s^2}$　　③ $\dfrac{5}{s-1}$　　④ $\dfrac{5}{s}$

해설 3

단위 계단 함수 $u(t)$에 상수 5를 곱한다 라는 뜻은, $f(t) = 5u(t)$라는 것이고 이를 라플라스 변환하면, $F(s) = 5 \times \dfrac{1}{s} = \dfrac{5}{s}$가 된다.

[답] ④

4. $f(t) = \delta(t) - be^{-bt}$ 의 라플라스 변환은? (단, $\delta(t)$는 임펄스 함수이다.)

① $\dfrac{b}{s+b}$ ② $\dfrac{s(1-b)+5}{s(s+b)}$ ③ $\dfrac{1}{s(s+b)}$ ④ $\dfrac{s}{s+b}$

해설 4

$f(t) = \delta(t) - be^{-bt} \;\Rightarrow\; F(s) = 1 - b\dfrac{1}{s+b} = \dfrac{s+b-b}{s+b} = \dfrac{s}{s+b}$

[답] ④

5. 자동 제어계에서 중량 함수(weight function)라고 불려지는 것은?

① 인디셜   ② 임펄스   ③ 전달 함수   ④ 램프 함수

해설 5

$f(t) = \delta(t)$: 단위 임펄스 함수 = 중량 함수 = 하중 함수

[답] ②

6. 함수 $f(t) = te^{at}$를 옳게 라플라스 변환시킨 것은?

① $\dfrac{1}{(s-a)^2}$ ② $\dfrac{1}{(s-a)}$

③ $\dfrac{1}{s(s-a)}$ ④ $\dfrac{1}{s(s-a)^2}$

해설 6

복소 추이 정리에 의하여,

$f(t) = te^{at} \;\Rightarrow\; F(s) = \dfrac{1}{(s-a)^2}$

[답] ①

7. $e^{-2t}\cos 3t$ 의 라플라스 변환은?

① $\dfrac{s+2}{(s+2)^2+3^2}$ ② $\dfrac{s-2}{(s-2)^2+3^2}$

③ $\dfrac{s}{(s+2)^2+3^2}$ ④ $\dfrac{s}{(s-2)^2+3^2}$

해설 7

복소 추이 정리에 의하여,

$f(t) = e^{-2t}\cos 3t \quad \Rightarrow \quad F(s) = \dfrac{s+2}{(s+2)^2+3^2}$

[답] ①

8. $t^2 e^{at}$ 의 라플라스 변환은?

① $\dfrac{1}{(s-a)^2}$ ② $\dfrac{2}{(s-a)^2}$

③ $\dfrac{1}{(s-a)^3}$ ④ $\dfrac{2}{(s-a)^3}$

해설 8

복소 추이 정리에 의하여,

$f(t) = t^2 e^{at} \quad \Rightarrow \quad F(s) = \dfrac{2!}{(s-a)^3} = \dfrac{2}{(s-a)^3}$

[답] ④

9. $\dfrac{e^{at}+e^{-at}}{2}$ 의 라플라스 변환은?

① $\dfrac{s}{s^2+a^2}$ ② $\dfrac{s}{s^2-a^2}$

③ $\dfrac{a}{s^2+a^2}$ ④ $\dfrac{a}{s^2-a^2}$

해설 9

$f(t) = \dfrac{e^{at}+e^{-at}}{2} \quad \Rightarrow \quad F(s) = \dfrac{1}{2}\left(\dfrac{1}{s-a} + \dfrac{1}{s+a}\right)$

$= \dfrac{1}{2} \times \dfrac{s+a+s-a}{(s-a)(s+a)} = \dfrac{1}{2} \times \dfrac{2s}{s^2-a^2} = \dfrac{s}{s^2-a^2}$

[답] ②

10. $f(t) = \sin t \cos t$ 를 라플라스 변환하면?

① $\dfrac{1}{s^2+4}$ ② $\dfrac{1}{s^2+2}$

③ $\dfrac{1}{(s+2)^2}$ ④ $\dfrac{1}{(s+4)^2}$

해설 10

$\sin t \cos t$ 식은 직접 라플라스 변환이 안되므로 이를 삼각함수의 가법 정리를 이용하여 식을 변환한 후에 라플라스 변환한다. 즉,

$f(t) = \sin t \cos t = \dfrac{1}{2}\sin 2t \quad \Rightarrow \quad F(s) = \dfrac{1}{2} \times \dfrac{2}{s^2+2^2} = \dfrac{1}{s^2+4}$

[답] ①

11. 그림과 같은 직류 전압의 라플라스 변환을 구하면?

① $\dfrac{E}{s-1}$ ② $\dfrac{E}{s+1}$

③ $\dfrac{E}{s}$ ④ $\dfrac{E}{s^2}$

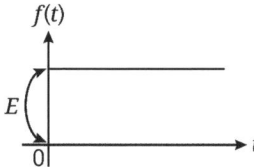

해설 11

문제에 주어진 파형은 크기가 E 인 계단 함수이므로, 이를 시간 함수로 표현하면,

$f(t) = Eu(t)$ 따라서 이의 라플라스 변환은, $F(s) = E \times \dfrac{1}{s} = \dfrac{E}{s}$

[답] ③

12. 그림과 같이 표시된 단위 계단 함수는?

① $u(t)$
② $u(t-a)$
③ $u(t+a)$
④ $-u(t-a)$

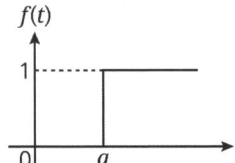

해설 12

문제에 주어진 파형은, 단위 계단 함수 $f(t) = u(t)$가 시간이 0에서 a만큼 시간이 추이(지연)된 파형이므로 이를 식으로 표시하면, $f(t) = u(t-a)$이다.

[답] ②

13. $f(t) = u(t-a) - u(t-b)$ 식으로 표시되는 4각파의 라플라스는?

① $\dfrac{1}{s}(e^{-as} - e^{-bs})$
② $\dfrac{1}{s}(e^{as} + e^{bs})$
③ $\dfrac{1}{s^2}(e^{-as} - e^{-bs})$
④ $\dfrac{1}{s^2}(e^{as} + e^{bs})$

해설 13

문제에 주어진 파형은, 단위 계단 함수 $f(t) = u(t)$가 각각 a, b만큼 시간이 추이(지연)된 파형이므로 이를 라플라스 변환하면,
$F(s) = \dfrac{1}{s}e^{-as} - \dfrac{1}{s}e^{-bs} = \dfrac{1}{s}(e^{-as} - e^{-bs})$

[답] ①

14. 다음과 같은 펄스의 라플라스 변환은?

① $\dfrac{1}{T}\left(\dfrac{1-e^{Ts}}{s}\right)^2$
② $\dfrac{1}{T}\left(\dfrac{1+e^{Ts}}{s}\right)^2$
③ $\dfrac{1}{s}(1-e^{-Ts})$
④ $\dfrac{1}{s}(1+e^{Ts})$

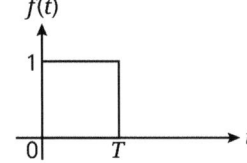

해설 14

(1) 문제에 주어진 파형은 직접 시간 함수식을 표현하지 못하므로 이를 다음과 같이 분해하여,

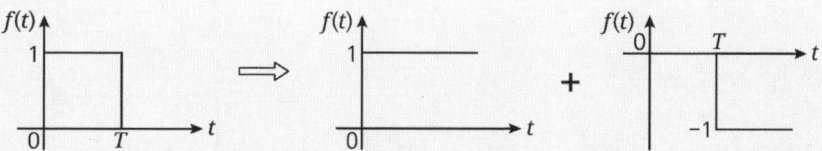

(2) 따라서, 위 파형을 시간 함수로 표현하여 라플라스 변환하면,

- $f(t) = u(t) - u(t-T)$ ⇒ ∴ $F(s) = \dfrac{1}{s} - \dfrac{1}{s}e^{-Ts} = \dfrac{1}{s}(1-e^{-Ts})$

[답] ③

★★

15. 그림과 같은 구형파의 라플라스 변환은?

① $\dfrac{2}{s}(1-e^{4s})$ ② $\dfrac{4}{s}(1-e^{2s})$

③ $\dfrac{2}{s}(1-e^{-4s})$ ④ $\dfrac{4}{s}(1-e^{-2s})$

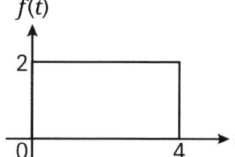

해설 15

(1) 문제에 주어진 파형은 직접 시간 함수식을 표현하지 못하므로 이를 다음과 같이 분해하여,

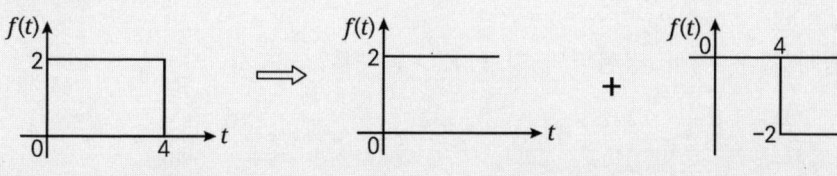

(2) 따라서, 위 파형을 시간 함수로 표현하여 라플라스 변환하면,

- $f(t) = 2u(t) - 2u(t-4)$ ⇒ ∴ $F(s) = \dfrac{2}{s} - \dfrac{2}{s}e^{-4s} = \dfrac{2}{s}(1-e^{-4s})$

[답] ③

★★☆☆☆

16. 그림과 같은 높이가 1인 펄스의 라플라스 변환은?

① $\dfrac{1}{s}(e^{-as} + e^{-bs})$

② $\dfrac{1}{s}(e^{-as} - e^{-bs})$

③ $\dfrac{1}{a-b}(e^{-as} + e^{-bs})$

④ $\dfrac{1}{a-b}(e^{-as} - e^{-bs})$

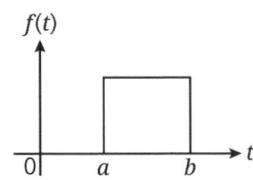

해설 16

(1) 문제에 주어진 파형은 직접 시간 함수식을 표현하지 못하므로 이를 다음과 같이 분해하여,

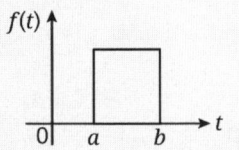  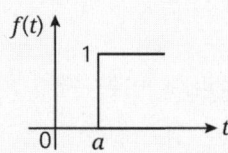 +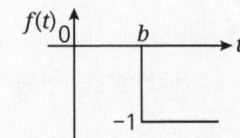

(2) 따라서, 위 파형을 시간 함수로 표현하여 라플라스 변환하면,

- $f(t) = u(t-a) - u(t-b)$ ⇒ ∴ $F(s) = \dfrac{1}{s}e^{-as} - \dfrac{1}{s}e^{-bs} = \dfrac{1}{s}(e^{-as} - e^{-bs})$

[답] ②

★★☆☆☆

17. 그림과 같은 반파 정현파의 라플라스 변환은?

① $\dfrac{E\omega}{s^2+\omega^2}\left(1 - e^{-\frac{1}{2}Ts}\right)$

② $\dfrac{Es}{s^2+\omega^2}\left(1 - e^{-\frac{1}{2}Ts}\right)$

③ $\dfrac{E\omega}{s^2+\omega^2}\left(1 + e^{-\frac{1}{2}Ts}\right)$

④ $\dfrac{Ts}{s^2+\omega^2}\left(1 + e^{-\frac{1}{2}Ts}\right)$

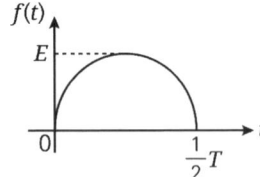

해설 17

(1) 문제에 주어진 파형은 다음과 같이 분해할 수 있다. 즉,

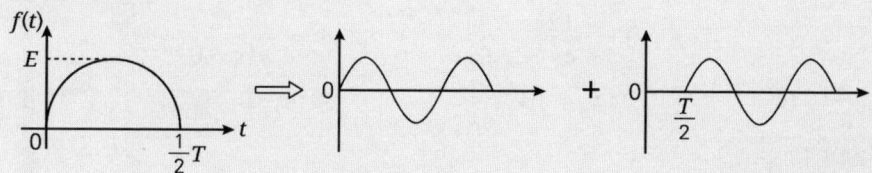

(2) 따라서, 이를 시간 함수로 표현하여 라플라스 변환하면,

- $f(t) = E\sin\omega t + E\sin\left(\omega t - \dfrac{T}{2}\right)$

$\therefore F(s) = E\dfrac{\omega}{s^2+\omega^2} + E\dfrac{\omega}{s^2+\omega^2}e^{-\frac{T}{2}s} = \dfrac{E\omega}{s^2+\omega^2}\left(1+e^{-\frac{T}{2}s}\right)$

[답] ③

18. 다음과 같은 $I(s)$의 초기값 $I(0_+)$가 바르게 구해진 것은?

$$I(s) = \dfrac{2(s+1)}{s^2+2s+5}$$

① $\dfrac{2}{5}$ ② $\dfrac{1}{5}$ ③ 2   ④ -2

해설 18

$\lim\limits_{t\to 0}f(t) = \lim\limits_{s\to\infty}sF(s) = \lim\limits_{s\to\infty}s\times\dfrac{2(s+1)}{s^2+2s+1} = \lim\limits_{s\to\infty}\dfrac{2s^2+2s}{s^2+2s+1} = \lim\limits_{s\to\infty}\dfrac{2+\dfrac{2}{s^2}}{1+\dfrac{2}{s}+\dfrac{1}{s^2}} = 2$

[답] ③

19. 다음과 같은 2개의 전류의 초기값 $i_1(0_+)$, $i_2(0_+)$가 옳게 구해진 것은?

$$I_1(s) = \frac{12(s+8)}{4s(s+6)} \qquad I_2(s) = \frac{12}{s(s+6)}$$

① 3, 0 ② 4, 0 ③ 4, 2 ④ 3, 4

해설 19

(1) $\lim\limits_{t \to 0} i_1(t) = \lim\limits_{s \to \infty} s I_1(s) = \lim\limits_{s \to \infty} s \times \frac{12(s+8)}{4s(s+6)} = \lim\limits_{s \to \infty} \frac{12s^2 + 96s}{4s^2 + 24s} = \lim\limits_{s \to \infty} \frac{12 + \frac{96}{s}}{4 + \frac{24}{s}} = 3$

(2) $\lim\limits_{t \to 0} i_2(t) = \lim\limits_{s \to \infty} s I_2(s) = \lim\limits_{s \to \infty} s \times \frac{12}{s(s+6)} = \lim\limits_{s \to \infty} \frac{12}{s+6} = 0$

[답] ①

20. 다음과 같은 전류의 초기값 $I(0_+)$를 구하면?

$$I(s) = \frac{12}{2s(s+6)}$$

① 6 ② 2 ③ 1 ④ 0

해설 20

$\lim\limits_{t \to 0} i(t) = \lim\limits_{s \to \infty} s I(s) = \lim\limits_{s \to \infty} s \times \frac{12}{2s(s+6)} = \lim\limits_{s \to \infty} \frac{12}{2(s+6)} = 0$

[답] ④

21. $F(s) = \dfrac{3s+10}{s^3 + 2s^2 + 5s}$ 일 때 $f(t)$의 최종값은?

① 0 ② 1 ③ 2 ④ 8

해설 21

$\lim\limits_{t \to \infty} f(t) = \lim\limits_{s \to 0} s F(s) = \lim\limits_{s \to 0} s \times \frac{3s+10}{s^3 + 2s^2 + 5s} = \lim\limits_{s \to 0} \frac{3s+10}{s^2 + 2s + 5} = \frac{10}{5} = 2$

[답] ③

22. 어떤 제어계의 출력 $C(s)$가 다음과 같이 주어질 때 출력의 시간 함수 $c(t)$의 정상값은?

$$C(s) = \frac{2}{s(s^2+s+3)}$$

① 2　　　　② 3　　　　③ $\frac{3}{2}$　　　　④ $\frac{2}{3}$

해설 22

$$\lim_{t\to\infty} c(t) = \lim_{s\to 0} s\, C(s) = \lim_{s\to 0} s \times \frac{2}{s(s^2+s+3)} = \lim_{s\to 0} \frac{2}{s^2+s+3} = \frac{2}{3}$$

[답] ④

23. 어떤 제어계의 출력이 $C(s) = \dfrac{s+0.5}{s(s^2+s+2)}$ 로 주어질 때 정상값은?

① 4　　　　② 2　　　　③ 0.5　　　　④ 0.25

해설 23

$$\lim_{t\to\infty} c(t) = \lim_{s\to 0} s\, C(s) = \lim_{s\to 0} s \times \frac{s+0.5}{s(s^2+s+2)} = \lim_{s\to 0} \frac{s+0.5}{s^2+s+2} = \frac{0.5}{2} = 0.25$$

[답] ④

24. $F(s) = \dfrac{2s+3}{s^2+3s+2}$ 의 시간 함수는?

① $e^{-t} - e^{-2t}$ ② $e^{-t} + e^{-2t}$
③ $e^{-t} + 2e^{-2t}$ ④ $e^{-t} - 2e^{-2t}$

해설 24

(1) 우선, 주어진 식을 부분 분수 전개하면,

- $\dfrac{2s+3}{s^2+3s+2} = \dfrac{2s+3}{(s+1)(s+2)} = \dfrac{A}{s+1} + \dfrac{B}{s+2}$

- $A = \dfrac{2s+3}{(s+1)(s+2)} \times (s+1) = \left.\dfrac{2s+3}{s+2}\right|_{s=-1} = 1$,

- $B = \dfrac{2s+3}{(s+1)(s+2)} \times (s+2) = \left.\dfrac{2s+3}{(s+1)}\right|_{s=-2} = 1$

(2) 따라서, 라플라스 역변환하여,

- $\dfrac{1}{s+1} + \dfrac{1}{s+2} \Rightarrow e^{-t} + e^{-2t}$

[답] ②

---

25. $f(t) = \mathcal{L}^{-1}\left[\dfrac{s^2+3s+10}{s^2+2s+5}\right]$ 은?

① $\delta(t) + e^{-t}(\cos 2t - \sin 2t)$ ② $\delta(t) + e^{-t}(\cos 2t + 2\sin 2t)$
③ $\delta(t) + e^{-t}(\cos 2t - 2\sin 2t)$ ④ $\delta(t) + e^{-t}(\cos 2t + \sin 2t)$

해설 25

(1) 우선, 주어진 식을 부분 분수 전개하면,

- $\dfrac{s^2+3s+10}{s^2+2s+5} = \dfrac{s^2+2s+5+s+5}{s^2+2s+5} = 1 + \dfrac{s+5}{(s+1)^2+2^2}$

$= 1 + \dfrac{s+1}{(s+1)^2+2^2} + \dfrac{2\times 2}{(s+1)^2+2^2}$

(2) 따라서, 라플라스 역변환하여,

- $\delta(t) + e^{-2t}\cos t + 2e^{-2t}\sin 2t = \delta(t) + e^{-t}(\cos 2t + 2\sin 2t)$

[답] ②

26. $f(t) = \mathcal{L}^{-1}\left[\dfrac{1}{s^2+6s+10}\right]$ 의 값은 얼마인가?

① $e^{-3t}\sin t$　　　② $e^{-3t}\cos t$
③ $e^{-t}\sin 5t$　　　④ $e^{-t}\sin 5\omega t$

해설 26

$F(s) = \dfrac{1}{s^2+6s+10} = \dfrac{1}{(s+3)^2+1} \quad\Rightarrow\quad \therefore f(t) = e^{-3t}\sin t$

[답] ①

27. 다음 함수 $F(s) = \dfrac{5s+3}{s(s+1)}$ 의 역라플라스 변환은 어떻게 되는가?

① $2+3e^{-t}$　　　② $3+2e^{-t}$
③ $3-2e^{-t}$　　　④ $2-3e^{-t}$

해설 27

(1) 우선, 주어진 식을 부분 분수 전개하면,

- $\dfrac{5s+3}{s(s+1)} = \dfrac{A}{s} + \dfrac{B}{s+1}$

  - $A = \dfrac{5s+3}{s(s+1)} \times s = \left|\dfrac{5s+3}{s+1}\right|_{s=0} = 3,$

  $B = \dfrac{5s+3}{s(s+1)} \times (s+1) = \left|\dfrac{5s+3}{s}\right|_{s=-1} = 2$

(2) 따라서, 라플라스 역변환하여,

- $\dfrac{3}{s} + \dfrac{2}{s+1} \quad\Rightarrow\quad 3+2e^{-t}$

[답] ②

28. $F(s) = \dfrac{s+1}{s^2+2s}$ 로 주어졌을 때 $F(s)$ 역변환을 한 것은?

① $\dfrac{1}{2}(1+e^t)$ ② $\dfrac{1}{2}(1-e^{-t})$

③ $\dfrac{1}{2}(1+e^{-2t})$ ④ $\dfrac{1}{2}(1-e^{-2t})$

해설 28

(1) 우선, 주어진 식을 부분 분수 전개하면,

- $\dfrac{s+1}{s^2+2s} = \dfrac{s+1}{s(s+2)} = \dfrac{A}{s} + \dfrac{B}{s+2}$

- $A = \dfrac{s+1}{s(s+2)} \times s = \left.\dfrac{s+1}{s+2}\right|_{s=0} = \dfrac{1}{2}$,

$B = \dfrac{s+1}{s(s+2)} \times (s+2) = \left.\dfrac{s+1}{s}\right|_{s=-2} = \dfrac{1}{2}$

(2) 따라서, 라플라스 역변환하여,

- $\dfrac{\frac{1}{2}}{s} + \dfrac{\frac{1}{2}}{s+2} \;\Rightarrow\; \dfrac{1}{2} + \dfrac{1}{2}e^{-2t} = \dfrac{1}{2}(1+e^{-2t})$

[답] ③

29. $\mathcal{L}^{-1}\left[\dfrac{1}{s^2+a^2}\right]$ 은 어느 것인가?

① $\sin at$ ② $\dfrac{1}{a}\sin at$

③ $\cos at$ ④ $\dfrac{1}{a}\cos at$

해설 29

- $F(s) = \dfrac{1}{s^2+a^2} = \dfrac{1}{a} \times \dfrac{a}{s^2+a^2} \;\Rightarrow\; \therefore f(t) = \dfrac{1}{a}\sin at$

[답] ②

30. 라플라스 변환 함수 $F(s) = \dfrac{s+2}{s^2+4s+13}$ 에 대한 역변환 함수 $f(t)$는?

① $e^{-2t}\cos 3t$ ② $e^{-3t}\sin 2t$
③ $e^{3t}\cos 2t$ ④ $e^{2t}\sin 3t$

해설 30

- $f(S) = \dfrac{s+2}{s^2+4s+13} = \dfrac{s+2}{(s+2)^2+9} = \dfrac{s+2}{(s+2)^2+3^2} \Rightarrow \therefore f(t) = e^{-2t}\cos 3t$

[답] ①

31. $F(s) = \dfrac{s+2}{(s+1)^2}$ 의 라플라스 역변환은?

① $e^{-t} - te^{-t}$ ② $e^{-t} + te^{-t}$
③ $1 - te^{-t}$ ④ $1 + te^{-t}$

해설 31

(1) 우선, 주어진 식을 부분 분수 전개하면,

- $\dfrac{s+2}{(s+1)^2} = \dfrac{A}{(s+1)^2} + \dfrac{B}{s+1}$

- $A = \dfrac{s+2}{(s+1)^2} \times (s+1)^2 = |s+2|_{s=-1} = 1$,

  $B = \dfrac{d}{ds}\left\{\dfrac{s+2}{(s+1)^2} \times (s+1)^2\right\} = \dfrac{d}{ds}(s+2) = 1$

(2) 따라서, 라플라스 역변환하여,

- $F(s) = \dfrac{1}{(s+1)^2} + \dfrac{1}{s+1} \Rightarrow f(t) = te^{-t} + e^{-t}$

[답] ②

32. $F(s) = \dfrac{1}{(s+1)^2(s+2)}$ 의 역라플라스 변환을 구하여라.

① $e^{-t} + te^{-t} + e^{-2t}$
② $-e^{-t} + te^{-t} + e^{-2t}$
③ $e^{-t} - te^{-t} + e^{-2t}$
④ $e^{-t} + te^{-t} + e^{2t}$

해설 32

(1) 우선, 주어진 식을 부분 분수 전개하면,

- $\dfrac{1}{(s+1)^2(s+2)} = \dfrac{A}{(s+1)^2} + \dfrac{B}{s+1} + \dfrac{C}{s+2}$

- $A = \dfrac{1}{(s+1)^2(s+2)} \times (s+1)^2 = \left.\dfrac{1}{s+2}\right|_{s=-1} = 1,$

- $B = \dfrac{d}{ds}\left\{\dfrac{1}{(s+1)^2(s+2)} \times (s+1)^2\right\} = \dfrac{d}{ds}\left\{\dfrac{1}{s+2}\right\} = \left.\dfrac{-1}{(s+2)^2}\right|_{s=-1} = -1$

- $C = \dfrac{1}{(s+1)^2(s+2)} \times (s+2) = \left.\dfrac{1}{(s+1)^2}\right|_{s=-2} = 1$

(2) 따라서, 라플라스 역변환하여,

- $F(s) = \dfrac{1}{(s+1)^2} - \dfrac{1}{s+1} + \dfrac{1}{s+2} \Rightarrow f(t) = te^{-t} - e^{-t} + e^{-2t}$

[답] ②

33. $\mathcal{L}^{-1}\left[\dfrac{s}{(s+1)^2}\right]$ 는?

① $e^{-t} - te^{-t}$
② $e^{-t} + 2te^{-t}$
③ $e^t - te^{-t}$
④ $e^{-t} + te^{-t}$

해설 33

(1) 우선, 주어진 식을 부분 분수 전개하면,

- $\dfrac{s}{(s+1)^2} = \dfrac{A}{(s+1)^2} + \dfrac{B}{s+1}$

- $A = \dfrac{s}{(s+1)^2} \times (s+1)^2 = |s|_{s=-1} = -1$,

  $B = \dfrac{d}{ds}\left\{\dfrac{s}{(s+1)^2} \times (s+1)^2\right\} = \dfrac{d}{ds}\{s\} = 1$

(2) 따라서, 라플라스 역변환하여,

- $F(s) = \dfrac{-1}{(s+1)^2} + \dfrac{1}{s+1} \;\Rightarrow\; f(t) = -te^{-t} + e^{-t}$

[답] ①

---

34. ★★ $\dfrac{di(t)}{dt} + 4i(t) + 4\int i(t)dt = 50u(t)$를 라플라스 변환하여 풀면 전류는?

(단, $t=0$에서 $i(0)=0$, $\int_{-\infty}^{0} i(t) = 0$이다.)

① $50e^{2t}(1+t)$ ② $e^t(1+5t)$

③ $\dfrac{1}{4}(1-e^t)$ ④ $50te^{-2t}$

해설 34

(1) 우선, 문제에 주어진 미분 방정식을 라플라스 변환하면,

- $\dfrac{di(t)}{dt} + 4i(t) + 4\int i(t)dt = 50u(t) \;\Rightarrow\;$ $sI(s) + 4I(s) + \dfrac{4}{s}I(s) = \dfrac{50}{s}$

(2) 위 식을 전류 $I(s)$에 대해서 정리한 후, 역라플라스 변환하면,

- $I(s) = \dfrac{50}{s(s+4+\dfrac{4}{s})} = \dfrac{50s}{s(s^2+4s+4)} = \dfrac{50}{s^2+4s+4} = \dfrac{50}{(s+2)^2}$

  $\Rightarrow \therefore i(t) = 50te^{-2t}$

[답] ④

35. $\dfrac{d^2x(t)}{dt^2} + 2\dfrac{dx(t)}{dt} + x(t) = 1$ 에서 $x(t)$는 얼마인가?

(단, $x(0) = x'(0) = 0$이다.)

① $te^{-t} - e^{-t}$ ② $te^{-t} + e^{-t}$
③ $1 - te^{-t} - e^{-t}$ ④ $1 + te^{-t} + e^{-t}$

해설 35

(1) 우선, 문제에 주어진 미분 방정식을 라플라스 변환하면,

- $\dfrac{d^2x(t)}{dt^2} + 2\dfrac{dx(t)}{dt} + x(t) = 1$ $\Rightarrow$ $s^2X(s) + 2sX(s) + X(s) = \dfrac{1}{s}$

(2) 위 식을 $X(s)$에 대해서 정리한 후, 부분 분수 전개하면,

- $X(s) = \dfrac{1}{s(s^2+2s+1)} = \dfrac{1}{s(s+1)^2} = \dfrac{A}{s} + \dfrac{B}{(s+1)^2} + \dfrac{C}{s+1}$

- $A = \dfrac{1}{s(s+1)^2} \times s = \left|\dfrac{1}{(s+1)^2}\right|_{s=0} = 1$

- $B = \dfrac{1}{s(s+1)^2} \times (s+1)^2 = \left|\dfrac{1}{s}\right|_{s=-1} = -1$

- $C = \dfrac{d}{ds}\left\{\dfrac{1}{s(s+1)^2} \times (s+1)^2\right\} = \dfrac{d}{ds}\left\{\dfrac{1}{s}\right\} = \left|\dfrac{-1}{s^2}\right|_{s=-1} = -1$

(3) 따라서, 라플라스 역변환하여,

- $X(s) = \dfrac{1}{s} - \dfrac{1}{(s+1)^2} - \dfrac{1}{s+1}$ $\Rightarrow$ $x(t) = 1 - te^{-t} - e^{-t}$

[답] ③

Chapter 03

전달 함수

01. 제어 시스템에서의 전달 함수

02. 회로망에서의 전달 함수

03. 블록 선도 및 신호 흐름 선도에서의 전달 함수

04. 블록 선도 및 신호 흐름 선도의 특수한 경우

- 적중실전문제

Chapter 03 전달 함수

01 제어 시스템에서의 전달 함수

1) 전달 함수의 정의
(1) 제어 시스템에서 전달 함수란, 제어 장치의 입력 신호에 대하여 출력 신호가 어떻게 나오는가의 관계를 나타내는 비이다.
(2) 즉, 제어 장치의 입력 신호 $R(s)$에 대하여 출력 신호 $C(s)$가 나올 때의 전달 함수는 다음과 같이 표현할 수 있다.

- $G(s) = \dfrac{C(s)}{R(s)} = \dfrac{\text{출력을 라플라스 변환한 값}}{\text{입력을 라플라스 변환한 값}}$

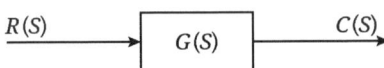

〈제어 시스템의 전달 함수〉

2) 전달 함수의 성질
(1) 제어 시스템의 초기 조건은 0으로 한다.
(2) 제어 시스템의 전달 함수는 s 만의 함수로 표시된다.
(3) 전달 함수는 선형 시스템에만 적용되고, 비선형 시스템에는 적용되지 않는다.
(4) 전달 함수는 시스템의 입력과는 무관하다.

예제 1

전달 함수의 성질 중 옳지 않은 것은?
① 어떤 계의 전달 함수는 그 계에 대한 임펄스 응답의 라플라스 변환과 같다.
② 전달 함수 $P(s)$인 계의 입력이 임펄스 함수 δ 함수이고 모든 초기값이 0이면 그 계의 출력 변화는 $P(s)$와 같다.
③ 계의 전달 함수는 계의 미분 방정식을 라플라스 변환하고 초기값에 의하여 생긴 항을 무시하면 $P(s) = \mathcal{L}^{-1}\left[\dfrac{Y^2}{X^2}\right]$ 와 같이 얻어진다.
④ 계 전달 함수의 분모를 0 으로 놓으면 이것이 곧 특성 방정식이 된다.

【해설】
계의 전달 함수는 계의 미분 방정식을 라플라스 변환하고 초기값에 의하여 생긴 항을 무시하면 $P(s) = \dfrac{Y(s)}{X(s)}$ 와 같이 얻어진다.

[답] ③

3) 전달 함수의 종류

(1) 비례 요소

입력 신호 $X(s)$에 대하여 출력 신호 $Y(s)$가 어떤 이득 상수 K에 비례해서 나타나는 제어 장치의 전달 함수 요소이다.

- $C(s) = R(s) \cdot G(s) \Rightarrow \quad \therefore G(s) = \dfrac{C(s)}{R(s)} = K$

$$R(S) \longrightarrow \boxed{K} \longrightarrow C(S)$$

〈비례 요소를 갖는 제어 장치〉

(2) 미분 요소

입력 신호 $X(s)$에 대하여 출력 신호 $Y(s)$가 어떤 미분 동작 Ks에 의해서 나타나는 제어 장치의 전달 함수 요소이다.

- $G(s) = \dfrac{C(s)}{R(s)} = Ks$

$$R(S) \longrightarrow \boxed{KS} \longrightarrow C(S)$$

〈미분 요소를 갖는 제어 장치〉

(3) 적분 요소

입력 신호 $X(s)$에 대하여 출력 신호 $Y(s)$가 어떤 적분 동작 $\dfrac{K}{s}$에 의해서 나타나는 제어 장치의 전달 함수 요소이다.

- $G(s) = \dfrac{C(s)}{R(s)} = \dfrac{K}{s}$

$$R(S) \longrightarrow \boxed{\dfrac{K}{S}} \longrightarrow C(S)$$

〈적분 요소를 갖는 제어 장치〉

(4) 1차 지연 요소

입력 신호 $X(s)$에 대하여 출력 신호 $Y(s)$가 $\dfrac{K}{Ts+1}$만큼 1차 함수적으로 지연되어 나타나는 제어 장치의 전달 함수 요소이다.

- $G(s) = \dfrac{C(s)}{R(s)} = \dfrac{K}{Ts+1}$

$R(S) \longrightarrow \boxed{\dfrac{K}{TS+1}} \longrightarrow C(S)$

〈1차 지연 요소를 갖는 제어 장치〉

(5) 부동작 시간 요소

입력 신호 $X(s)$에 대하여 출력 신호 $Y(s)$가 어떤 영향도 받지 않는 제어 장치의 전달 함수 요소이다.

- $G(s) = \dfrac{C(s)}{R(s)} = Ke^{-Ls}$

$R(S) \longrightarrow \boxed{Ke^{-LS}} \longrightarrow C(S)$

〈부동작 시간 요소를 갖는 제어 장치〉

예제 2

다음 사항 중 옳게 표현된 것은?

① 비례 요소의 전달 함수는 $\dfrac{1}{Ts}$이다.
② 미분 요소의 전달 함수는 K이다.
③ 적분 요소의 전달 함수는 Ts이다.
④ 1차 지연 요소의 전달 함수는 $\dfrac{K}{Ts+1}$이다.

【해설】
(1) 비례 요소 : $G(s) = K$ (2) 미분 요소 : $G(s) = Ks$
(3) 적분 요소 : $G(s) = \dfrac{K}{s}$ (4) 1차 지연 요소 : $G(s) = \dfrac{K}{Ts+1}$

[답] ④

02 회로망에서의 전달 함수

1) 회로망에서 전달 함수 산출법
   (1) 그림과 같은 회로에서 출력 전압 V_0 에 대해서 전달 함수를 구하고자 하면, 전압 분배의 법칙에 의해서 그 값을 산출할 수 있다. 즉,

   - $V_0 = \dfrac{R_2}{R_1 + R_2} \times V_i$

   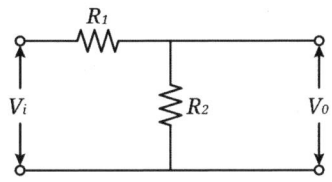

   (2) 전달 함수의 정의는, 입력 신호 V_i 에 대하여 출력 신호 V_0 의 비 이므로, 위 식을 입력과 출력 비의 식으로 나타내면,

   - $G(s) = \dfrac{V_0}{V_i} = \dfrac{R_2}{R_1 + R_2}$ 로 된다.

2) 회로 요소의 임피던스($Z[\Omega]$) 표현
   (1) 인덕턴스

   $L[\mathrm{H}]$

   - $L[\mathrm{H}] \Rightarrow Z_L = j\omega L = sL\,[\Omega]$

   (2) 정전 용량

   $C[\mathrm{F}]$

   - $C[\mathrm{F}] \Rightarrow Z_c = \dfrac{1}{j\omega C} = \dfrac{1}{sC}\,[\Omega]$

예제 3

그림과 같은 회로의 전달 함수는? (단, $T=RC$이다.)

① $G(s) = \dfrac{1}{Ts+1}$
② $G(s) = \dfrac{T}{s+1}$
③ $G(s) = Ts+1$
④ $G(s) = \dfrac{Ts+1}{s}$

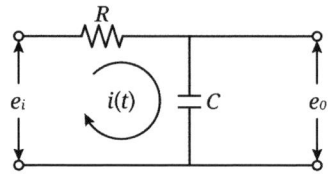

【해설】

$$G(s) = \dfrac{E_0}{E_i} = \dfrac{\dfrac{1}{sC}}{R+\dfrac{1}{sC}} = \dfrac{1}{RCs+1} = \dfrac{1}{Ts+1}$$

[답] ①

예제 4

그림과 같은 회로의 전달 함수는 어느 것인가?

① $\dfrac{C_1}{C_1+C_2}$
② $\dfrac{C_2}{C_1+C_2}$
③ $\dfrac{C_1+C_2}{C_1}$
④ $\dfrac{C_1+C_2}{C_2}$

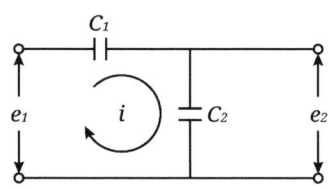

【해설】

$$G(s) = \dfrac{E_2}{E_1} = \dfrac{\dfrac{1}{sC_2}}{\dfrac{1}{sC_1}+\dfrac{1}{sC_2}} = \dfrac{C_1}{C_2+C_1}$$

[답] ①

예제 5

회로망의 전달 함수 $H(s) = \dfrac{V_2(s)}{V_1(s)}$ 를 구하면?

① $\dfrac{1}{1+LCs^2}$

② $\dfrac{1}{1+LCs}$

③ $\dfrac{s}{1+LCs^2}$

④ $\dfrac{LCs}{1+LCs^2}$

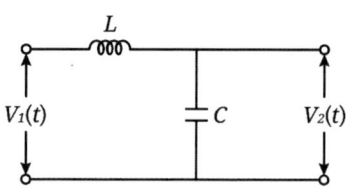

【해설】

$$G(s) = \dfrac{V_2}{V_1} = \dfrac{\dfrac{1}{sC}}{sL+\dfrac{1}{sC}} = \dfrac{1}{s^2LC+1}$$

[답] ①

예제 6

R-C 저역 필터 회로의 전달 함수 $G(j\omega)$ 는 $\omega = 0$ 에서 얼마인가?

① 0
② 0.5
③ 1
④ 0.707

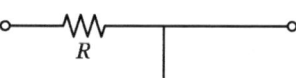

【해설】

$$G(j\omega) = \dfrac{V_2}{V_1} = \dfrac{\dfrac{1}{j\omega C}}{R+\dfrac{1}{j\omega C}} = \dfrac{1}{j\omega RC+1}\Big|_{\omega=0} = 1$$

[답] ③

03 블록 선도 및 신호 흐름 선도에서의 전달 함수

1) 블록 선도에서 전달 함수 산출법

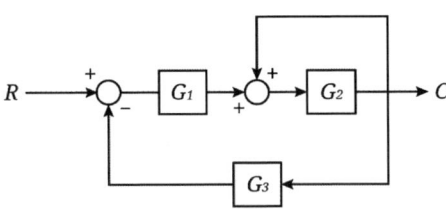

〈블록 선도의 예〉

(1) 그림과 같은 블록 선도에서 전달 함수 $G(s)$는 다음과 같은 메이슨 공식을 적용하여 산출한다.

- $G(s) = \dfrac{C(s)}{R(s)} = \dfrac{경로}{1-폐루프}$

(2) 즉, 위 블록 선도에 메이슨 식을 적용하면,

- $G(s) = \dfrac{C(s)}{R(s)} = \dfrac{G_1 \times G_2}{1-(-G_1 \times G_2 \times G_3)-(G_2)} = \dfrac{G_1 G_2}{1+G_1 G_2 G_3 - G_2}$

> **예제 7**
>
> 다음과 같은 블록 선도의 등가 합성 전달 함수는?
>
>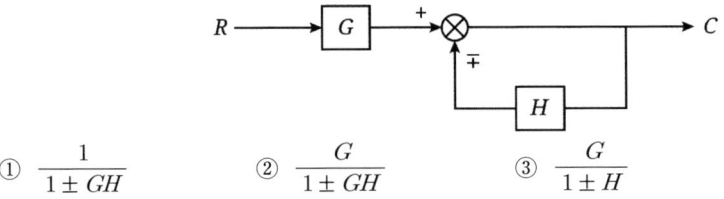
>
> ① $\dfrac{1}{1 \pm GH}$ ② $\dfrac{G}{1 \pm GH}$ ③ $\dfrac{G}{1 \pm H}$ ④ $\dfrac{1}{1 \pm H}$
>
> 【해설】
> $G(s) = \dfrac{C(s)}{R(s)} = \dfrac{G}{1-(\mp H)} = \dfrac{G}{1 \pm H}$
>
> [답] ③

예제 8

그림과 같은 피드백 회로의 종합 전달 함수는?

① $\dfrac{1}{G_1} + \dfrac{1}{G_2}$

② $\dfrac{G_1}{1 - G_1 G_2}$

③ $\dfrac{G_1}{1 + G_1 G_2}$

④ $\dfrac{G_1 G_2}{1 + G_1 G_2}$

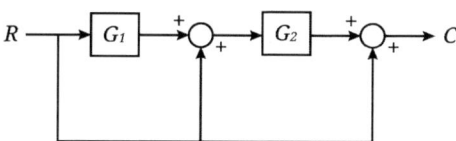

【해설】

$$G(s) = \frac{C(s)}{R(s)} = \frac{G_1}{1 - (-G_1 G_2)} = \frac{G_1}{1 + G_1 G_2}$$

[답] ③

예제 9

그림과 같은 블록 선도에서 $\dfrac{C}{R}$ 의 값은?

① $1 + G_1 + G_1 G_2$ ② $1 + G_2 + G_1 G_2$ ③ $\dfrac{G_1 + G_2}{1 - G_2 - G_1 G_2}$ ④ $\dfrac{(1 + G_1) G_2}{1 - G_2}$

【해설】

$$G(s) = \frac{C(s)}{R(s)} = \frac{G_1 G_2 + G_2 + 1}{1 - 0} = 1 + G_2 + G_1 G_2$$

[답] ②

2) 신호 흐름 선도에서 전달 함수 산출법

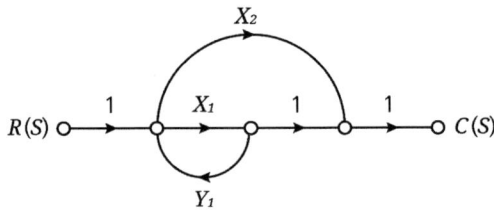

(1) 그림과 같은 신호 흐름선도에서도 전달 함수 $G(s)$는 다음과 같은 메이슨 공식을 적용하여 산출한다.

- $G(s) = \dfrac{C(s)}{R(s)} = \dfrac{경로}{1 - 페루프}$

(2) 즉, 위 신호 흐름 선도에 메이슨 식을 적용하면,

- $G(s) = \dfrac{C(s)}{R(s)} = \dfrac{1 \times X_1 \times 1 \times 1 + 1 \times X_2 \times 1}{1 - (X_1 \times Y_1)} = \dfrac{X_1 + X_2}{1 - X_1 Y_1}$

예제 10

그림과 같은 신호 흐름 선도에서 전달 함수 $\dfrac{C(s)}{R(s)}$는?

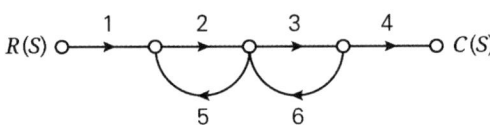

① $-\dfrac{8}{9}$ ② $\dfrac{4}{5}$ ③ 180 ④ 10

【해설】

$G(s) = \dfrac{C(s)}{R(s)} = \dfrac{1 \times 2 \times 3 \times 4}{1 - (2 \times 5) - (3 \times 6)} = \dfrac{24}{-27} = -\dfrac{8}{9}$

[답] ①

예제 11

그림과 같은 신호 흐름 선도에서 전달 함수 $\dfrac{C(s)}{R(s)}$ 는?

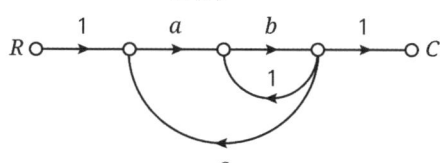

① $\dfrac{ab}{1+b-abc}$ ② $\dfrac{ab}{1-b-abc}$ ③ $\dfrac{ab}{1-b+abc}$ ④ $\dfrac{ab}{1-ab+abc}$

【해설】
$$G(s) = \frac{C(s)}{R(s)} = \frac{1 \times a \times b \times 1}{1-(b \times 1)-(a \times b \times c)} = \frac{ab}{1-b-abc}$$

[답] ②

04 블록 선도 및 신호 흐름 선도의 특수한 경우

1) 입력이 2개인 블록 선도에서의 전달 함수

  (1) 그림과 같이 2중 입력(R, U)인 블록 선도에서 전체 전달 함수는 각각의 입력에 대하여 별도로 전달 함수을 구한 후, 두 결과를 더하여 구한다.

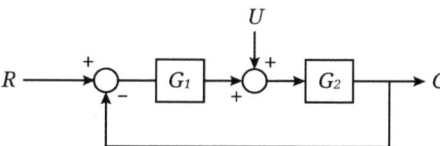

  (2) 즉, 위 블록 선도에 메이슨 식을 적용하면,

  ① $\dfrac{C(s)}{R(s)} = \dfrac{G_1 \times G_2}{1-(-G_1 \times G_2)} = \dfrac{G_1 G_2}{1+G_1 G_2}$

  ② $\dfrac{C(s)}{U(s)} = \dfrac{G_2}{1-(-G_1 \times G_2)} = \dfrac{G_2}{1+G_1 G_2}$

  $\therefore G(s) = \dfrac{C(s)}{R(s)} + \dfrac{C(s)}{U(s)} = \dfrac{G_1 G_2}{1+G_1 G_2} + \dfrac{G_2}{1+G_1 G_2}$

예제 12

그림의 전체 전달 함수는?

① 0.22
② 0.33
③ 1.22
④ 3.12

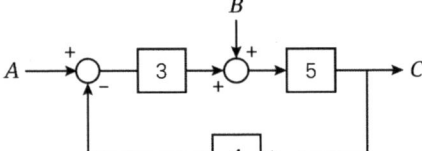

【해설】

① $\dfrac{C}{A} = \dfrac{3 \times 5}{1-(-3 \times 5 \times 4)} = \dfrac{15}{61}$

② $\dfrac{C}{B} = \dfrac{5}{1-(-5 \times 4 \times 3)} = \dfrac{5}{61}$

$\therefore G(s) = \dfrac{C}{A} + \dfrac{C}{B} = \dfrac{15}{61} + \dfrac{5}{61} = \dfrac{20}{61} = 0.33$

[답] ②

2) 경로에 접하지 않는 폐루프가 있는 신호 흐름 선도에서의 전달 함수

(1) 그림과 같이 어떤 경로에 접하지 않는 폐루프가 존재하는 신호 흐름 선도의 전달 함수는 다음과 같은 메이슨 공식을 적용한다.

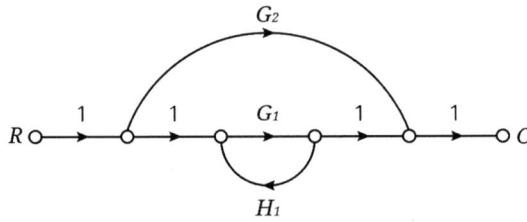

- $\dfrac{C(s)}{R(s)} = \dfrac{\text{폐루프에 접하는 경로} + \text{폐루프에 접하지 않는 경로} \times (1-\text{폐루프})}{1-\text{폐루프}}$

(2) 위 블록 선도에 메이슨 식을 적용하면,

- $G(s) = \dfrac{C(s)}{R(s)} = \dfrac{G_1 + G_2(1-G_1 H_1)}{1 - G_1 H_1}$

(즉, G_2가 폐루프($G_1 H_1$)에 접하지 않는 경로이다.)

3) 종속 접속인 신호 흐름 선도에서의 전달 함수
(1) 직렬 종속 접속

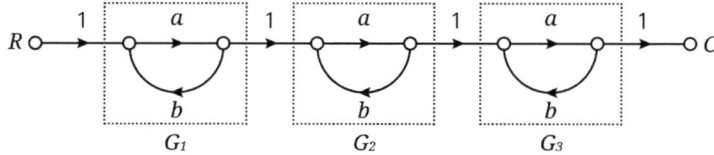

① G_1, G_2, G_3가 서로 직렬로 종속적인 관계로서, 우선 각각의 전달 함수를 구한다.

- $G_1 = G_2 = G_3 = \dfrac{a}{1-ab}$

② 따라서, 전체 전달 함수는,

- $G = G_1 \times G_2 \times G_3 = \dfrac{a}{1-ab} \times \dfrac{a}{1-ab} \times \dfrac{a}{1-ab} = \dfrac{a^3}{(1-ab)^3}$

(2) 병렬 종속 접속

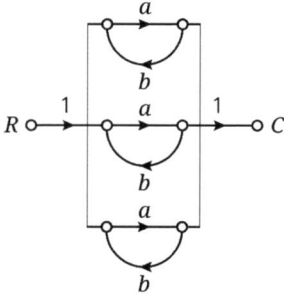

① G_1, G_2, G_3가 서로 병렬로 종속적인 관계로서, 마찬가지로 각각의 전달 함수를 구한다.

- $G_1 = G_2 = G_3 = \dfrac{a}{1-ab}$

② 따라서, 전체 전달 함수는,

- $G = G_1 + G_2 + G_3 = \dfrac{a}{1-ab} + \dfrac{a}{1-ab} + \dfrac{a}{1-ab} = \dfrac{3a}{1-ab}$

예제 13

그림과 같은 신호 흐름 선도에서 전달 함수 $\dfrac{C(s)}{R(s)}$ 는?

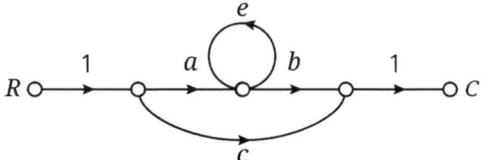

① $\dfrac{ab+c(1-e)}{1-e}$ ② $\dfrac{ab+c}{1-e}$ ③ $ab+c$ ④ $\dfrac{ab+c(1+e)}{1+e}$

【해설】
문제에 주어진 선도는 c 경로에 접하지 않는 폐루프(e)가 있는 경우이다. 따라서,

- $G(s) = \dfrac{1 \times a \times b \times 1 + c \times (1-e)}{1-e} = \dfrac{ab+c(1-e)}{1-e}$

[답] ①

Chapter 03. 전달 함수
적중실전문제

★★★☆☆

1. 그림의 전기회로에서 전달 함수는?

① $\dfrac{LRs}{LCs^2 + RCs + 1}$

② $\dfrac{Cs}{LCs^2 + RCs + 1}$

③ $\dfrac{RCs}{LCs^2 + RCs + 1}$

④ $\dfrac{LRCs}{LCs^2 + RCs + 1}$

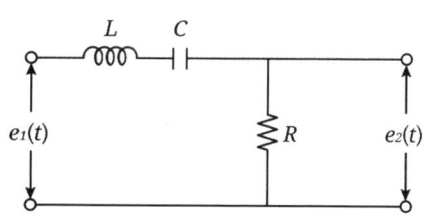

해설 1

$$G(s) = \dfrac{C(s)}{R(s)} = \dfrac{R}{Ls + \dfrac{1}{Cs} + R} = \dfrac{RCs}{LCs^2 + RCs + 1}$$

[답] ③

★★☆☆☆

2. 그림과 같은 회로에서 e_i를 입력, e_0를 출력으로 할 경우 전달함수는?

① $\dfrac{s}{LCs^2 + RCs + 1}$

② $\dfrac{1}{LCs^2 + RCs + 1}$

③ $\dfrac{Ls}{LCs^2 + RCs + 1}$

④ $\dfrac{Cs}{LCs^2 + RCs + 1}$

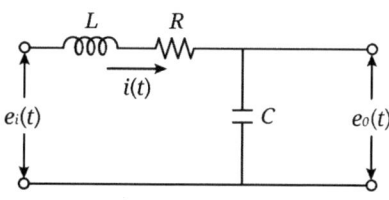

해설 2

$$G(s) = \dfrac{C(s)}{R(s)} = \dfrac{\dfrac{1}{Cs}}{Ls + R + \dfrac{1}{Cs}} = \dfrac{1}{LCs^2 + RCs + 1}$$

[답] ②

3. 다음 회로의 전달 함수 $G(s) = E_0(s)/E_i(s)$는 얼마인가?

① $\dfrac{(R_1+R_2)C_2 s+1}{R_2 C_2 s+1}$

② $\dfrac{R_2 C_2 s+1}{(R_1+R_2)C_2 s+1}$

③ $\dfrac{R_2 C_2+1}{(R_1+R_2)C_2 s+1}$

④ $\dfrac{(R_1+R_2)C_2+1}{R_2 C_2 s+1}$

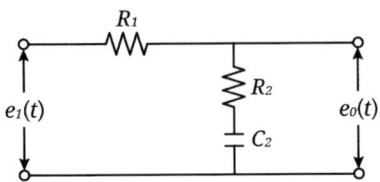

해설 3

$$G(s) = \dfrac{C(s)}{R(s)} = \dfrac{R_2+\dfrac{1}{C_2 s}}{R_1+R_2+\dfrac{1}{C_2 s}} = \dfrac{R_2 C_2 s+1}{(R_1+R_2)C_2 s+1}$$

[답] ②

4. 그림과 같은 회로의 전압비 전달함수 $H(j\omega)$는 얼마인가? (단, 입력 $v(t)$는 정현파 교류 전압이며, 출력은 v_R이다.)

① $\dfrac{j\omega}{(5-\omega^2)+j\omega}$

② $\dfrac{j\omega}{(5+\omega^2)+j\omega}$

③ $\dfrac{j\omega}{(5-\omega)^2+j\omega}$

④ $\dfrac{j\omega}{(5+\omega)^2+j\omega}$

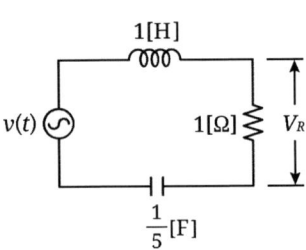

해설 4

$$G(j\omega) = \frac{V_R(s)}{V(s)} = \frac{R}{j\omega L + R + \frac{1}{j\omega C}} = \frac{j\omega CR}{(-\omega^2 LC + R_2) + j\omega CR + 1}$$

$$= \frac{j\omega \times \frac{1}{5} \times 1}{-\omega^2 \times 1 \times \frac{1}{5} + j\omega \times \frac{1}{5} \times 1 + 1} = \frac{j\omega}{-\omega^2 + j\omega + 5} = \frac{j\omega}{(5-\omega^2) + j\omega}$$

[답] ①

5. 그림과 같은 RC 브리지 회로의 전달 함수 $E_0(s)/E_i(s)$는?

① $\dfrac{1}{1+RCs}$

② $\dfrac{RCs}{1+RCs}$

③ $\dfrac{1+RCs}{1-RCs}$

④ $\dfrac{1-RCs}{1+RCs}$

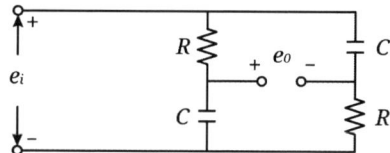

해설 5

(1) 우선 주어진 회로의 출력 전압 E_0를 전압 분배의 법칙에 의하여 구하면,

$$\bullet\ E_0 = \frac{\frac{1}{Cs}}{R+\frac{1}{Cs}} E_i - \frac{R}{\frac{1}{Cs}+R} E_i = \frac{1}{RCs+1} E_i - \frac{RCs}{1+RCs} E_i$$

(2) 따라서, 입력과 출력 전압에 대한 전압비 전달 함수는,

$$\bullet\ G(s) = \frac{E_0(s)}{E_i(s)} = \frac{1}{RCs+1} - \frac{RCs}{1+RCs} = \frac{1-RCs}{1+RCs}$$

[답] ④

6. 다음의 브리지 회로에서 입력 전압 e_i에 대한 출력 전압 e_0의 전달 함수를 구하면?

① $\dfrac{LCs^2+1}{LCs^2-1}$

② $\dfrac{1}{LCs^2+1}$

③ $\dfrac{1}{LCs^2-1}$

④ $\dfrac{LCs^2-1}{LCs^2+1}$

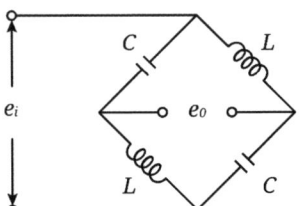

해설 6

(1) 우선 주어진 회로의 출력 전압 E_0를 전압 분배의 법칙에 의하여 구하면,

- $E_0 = \dfrac{Ls}{\dfrac{1}{Cs}+Ls}E_i - \dfrac{\dfrac{1}{Cs}}{Ls+\dfrac{1}{Cs}}E_i = \dfrac{LCs^2}{1+LCs^2}E_i - \dfrac{1}{LCs^2+1}E_i$

(2) 따라서, 입력과 출력 전압에 대한 전압비 전달 함수는,

- $G(s) = \dfrac{E_0(s)}{E_i(s)} = \dfrac{LCs^2}{1+LCs^2} - \dfrac{1}{LCs^2+1} = \dfrac{LCs^2-1}{LCs^2+1}$

[답] ④

7. 그림과 같은 회로에서 전압비 전달함수 $\left(\dfrac{E_0(s)}{E_i(s)}\right)$는?

① $\dfrac{R_1}{R_1Cs+1}$

② $\dfrac{s+1}{s+(R_1+R_2)+R_1R_2C}$

③ $\dfrac{R_1R_2s+RCs}{R_1Cs+R_1R_2s^2+C}$

④ $\dfrac{R_2+R_1R_2Cs}{R_2+R_1R_2Cs+R_1}$

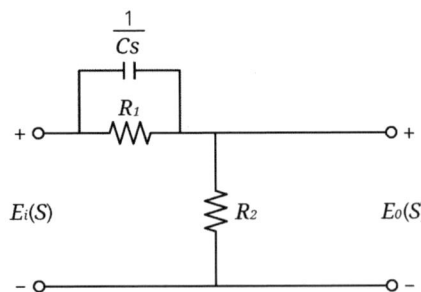

해설 7

(1) 우선 저항 R_1과 콘덴서 C 병렬 회로를 합성하면,

- $Z = \dfrac{\dfrac{1}{Cs} \times R_1}{\dfrac{1}{Cs} + R_1} = \dfrac{R_1}{1 + R_1 Cs}$

(2) 출력 E_0에 대해서 전달 함수를 전압 분배의 법칙에 의하여 구하면,

- $G(s) = \dfrac{E_0}{E_i} = \dfrac{R_2}{\dfrac{R_1}{1 + R_1 Cs} + R_2} = \dfrac{R_2(1 + R_1 Cs)}{R_1 + R_2(1 + R_1 Cs)} = \dfrac{R_2 + R_1 R_2 Cs}{R_1 + R_2 + R_1 R_2 Cs}$

[답] ④

★★☆☆☆

8. 그림과 같은 회로의 전달 함수는?

① $\dfrac{1}{CRs + 1 + \dfrac{R}{R_L}}$

② $\dfrac{1}{CRs + \dfrac{R}{R_L}}$

③ $\dfrac{1}{\dfrac{s}{CR} + 1 + \dfrac{R}{R_L}}$

④ $\dfrac{1}{\dfrac{s}{CR} + \dfrac{R}{R_L}}$

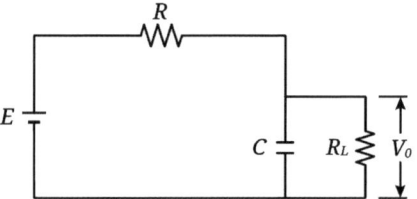

해설 8

저항 R_L과 콘덴서 C 병렬 회로를 합성하여, 출력 V_0에 대해서 전달 함수를 구하면,

- $Z = \dfrac{\dfrac{1}{Cs} \times R_L}{\dfrac{1}{Cs} + R_L} = \dfrac{R_L}{1 + R_L Cs}$

- $G(s) = \dfrac{V_0}{V} = \dfrac{\dfrac{R_L}{1 + R_L Cs}}{R + \dfrac{R_L}{1 + R_L Cs}} = \dfrac{R_L}{R + RR_L Cs + R_L} = \dfrac{1}{\dfrac{R}{R_L} + RCs + 1}$

[답] ①

9. 그림과 같은 $R-C$ 병렬 회로의 전달함수 $\dfrac{E_0(s)}{I(s)}$ 는?

① $\dfrac{R}{RCs+1}$
② $\dfrac{C}{RCs+1}$
③ $\dfrac{RC}{RCs+1}$
④ $\dfrac{RCs}{RCs+1}$

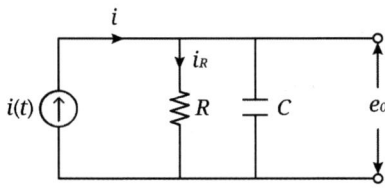

해설 9

$$\dfrac{E_0(s)}{I(s)} = Z(s) = \dfrac{R \times \dfrac{1}{Cs}}{R + \dfrac{1}{Cs}} = \dfrac{R}{RCs+1}$$

[답] ①

10. 그림과 같은 회로의 전달 함수 $\dfrac{V_0(s)}{I(s)}$ 는?

① $\dfrac{1}{s(C_1+C_2)}$
② $\dfrac{C_1 C_2}{C_1+C_2}$
③ $\dfrac{C_1}{s(C_1+C_2)}$
④ $\dfrac{C_2}{s(C_1+C_2)}$

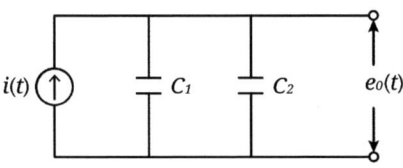

해설 10

$$\dfrac{V_0(s)}{I(s)} = Z(s) = \dfrac{\dfrac{1}{C_1 s} \times \dfrac{1}{C_2 s}}{\dfrac{1}{C_1 s} + \dfrac{1}{C_2 s}} = \dfrac{1}{C_2 s + C_1 s} = \dfrac{1}{s(C_1+C_2)}$$

[답] ①

11. 그림과 같은 회로에서 입력을 $v(t)$, 출력을 $i(t)$로 했을 때의 입·출력 전달 함수는? (단, 스위치 S는 $t=0$인 순간에 회로에 전압이 공급된다.)

① $\dfrac{s}{R\left(s+\dfrac{1}{RC}\right)}$

② $\dfrac{s}{RCs+1}$

③ $\dfrac{1}{RC\left(s+\dfrac{1}{RC}\right)}$

④ $\dfrac{RCs}{RCs+1}$

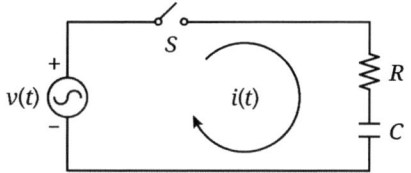

해설 11

$\dfrac{I(s)}{V(s)} = Y(s) = \dfrac{1}{Z(s)} = \dfrac{1}{R+\dfrac{1}{Cs}} = \dfrac{s}{Rs+\dfrac{1}{C}} = \dfrac{s}{R\left(s+\dfrac{1}{RC}\right)}$

[답] ①

12. 회로에서 $V_1(s)$를 입력, $V_2(s)$를 출력이라 할 때 전달 함수가 $\dfrac{1}{s+1}$이 되려면 $C[\mathrm{F}]$의 값은?

① 1
② 0.1
③ 0.01
④ 0.001

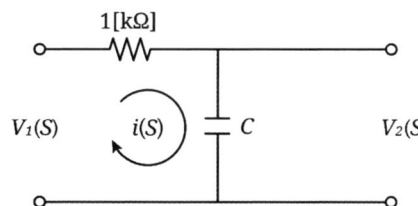

해설 12

$G(s) = \dfrac{V_2(s)}{V_1(s)} = \dfrac{\dfrac{1}{Cs}}{R+\dfrac{1}{Cs}} = \dfrac{1}{RCs+1} = \dfrac{1}{1000Cs+1} = \dfrac{1}{s+1}$ 이므로,

$C = \dfrac{1}{1000} = 0.001 [\mathrm{F}]$ 값이어야 한다.

[답] ④

13. 그림과 같은 피드백 제어계의 폐루프 전달 함수는?

① $\dfrac{R(s)\,C(s)}{1+G(s)}$

② $\dfrac{G(s)}{1+R(s)}$

③ $\dfrac{C(s)}{1+R(s)}$

④ $\dfrac{G(s)}{1+G(s)}$

해설 13

$G(s) = \dfrac{C(s)}{R(s)} = \dfrac{G(s)}{1-(-G(s))} = \dfrac{G(s)}{1+G(s)}$

[답] ④

14. 그림의 두 블록 선도가 등가인 경우 A 요소의 전달 함수는?

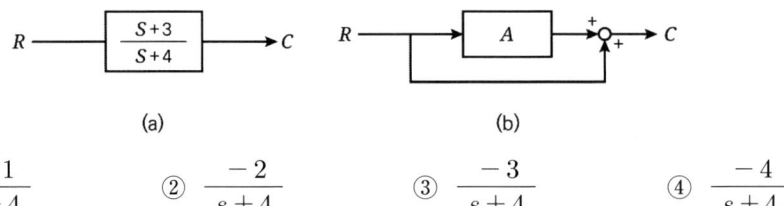

(a)　　　　　　　　　　(b)

① $\dfrac{-1}{s+4}$　　② $\dfrac{-2}{s+4}$　　③ $\dfrac{-3}{s+4}$　　④ $\dfrac{-4}{s+4}$

해설 14

(1) 우선, (a) 그림에 대한 전달 함수는,

$G(s) = \dfrac{C(s)}{R(s)} = \dfrac{\frac{s+3}{s+4}}{1-0} = \dfrac{s+3}{s+4}$

(2) 또한, (b) 그림에 대한 전달 함수는,

$G(s) = \dfrac{C(s)}{R(s)} = \dfrac{A+1}{1-0} = A+1$

(3) 따라서, 두 블록 선도는 등가이므로 결과가 같아야 한다. 즉,

$\dfrac{s+3}{s+4} = A+1 \Rightarrow$　• $A = \dfrac{s+3}{s+4} - 1 = \dfrac{s+3}{s+4} - \dfrac{s+4}{s+4} = \dfrac{-1}{s+4}$

[답] ①

15. 다음 블록 선도의 변환에서 (A)에 맞는 것은?

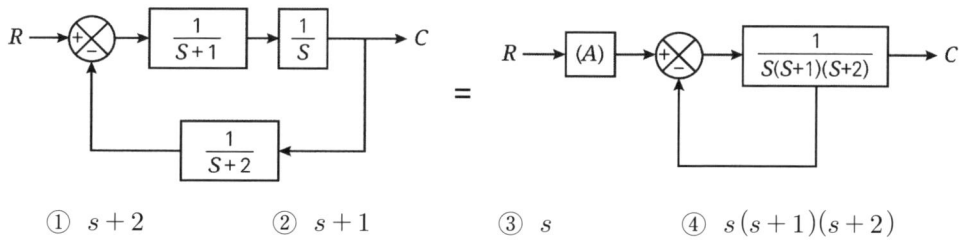

① $s+2$ ② $s+1$ ③ s ④ $s(s+1)(s+2)$

해설 15

(1) 우선, 왼쪽 그림에 대한 전달 함수는,

$$G(s) = \frac{C(s)}{R(s)} = \frac{\frac{1}{s+1} \times \frac{1}{s}}{1 - \left(-\frac{1}{s+1} \times \frac{1}{s} \times \frac{1}{s+2}\right)}$$

$$= \frac{\frac{1}{s(s+1)}}{1 + \frac{1}{s(s+1)(s+2)}} = \frac{s+2}{s(s+1)(s+2)+1}$$

(2) 또한, 오른쪽 그림에 대한 전달 함수는,

$$G(s) = \frac{C(s)}{R(s)} = \frac{A \times \frac{1}{s(s+1)(s+2)}}{1 - \left(-\frac{1}{s(s+1)(s+2)}\right)}$$

$$= \frac{\frac{A}{s(s+1)(s+2)}}{1 + \frac{1}{s(s+1)(s+2)}} = \frac{A}{s(s+1)(s+2)+1}$$

(3) 따라서, 두 블록 선도는 등가이므로 결과가 같아야 한다. 즉,

$$\frac{s+2}{s(s+1)(s+2)+1} = \frac{A}{s(s+1)(s+2)+1} \Rightarrow \quad \cdot A = s+2$$

[답] ①

16. 그림의 블록 선도에서 전달 함수로 표시한 것은?

① $\dfrac{12}{5}$

② $\dfrac{16}{5}$

③ $\dfrac{20}{5}$

④ $\dfrac{28}{5}$

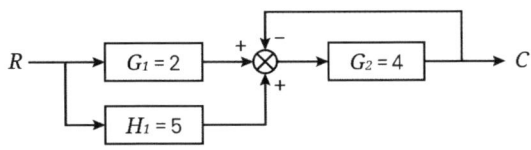

해설 16

$G(s) = \dfrac{C(s)}{R(s)} = \dfrac{2 \times 4 + 5 \times 4}{1-(-4)} = \dfrac{28}{5}$

[답] ④

17. 다음 그림의 블록 선도에서 C/R는?

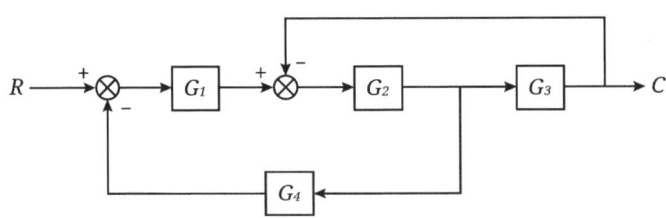

① $\dfrac{G_3 G_4}{1 + G_1 G_2 G_3}$

② $\dfrac{G_1 G_3}{1 + G_1 G_2 + G_3 G_4}$

③ $\dfrac{G_1 G_2 G_3}{1 + G_2 G_3 + G_1 G_2 G_4}$

④ $\dfrac{G_1 G_2}{1 + G_2 G_3 + G_1 G_4}$

해설 17

$G(s) = \dfrac{C(s)}{R(s)} = \dfrac{G_1 \times G_2 \times G_3}{1-(-G_1 \times G_2 \times G_4)-(-G_2 \times G_3)} = \dfrac{G_1 G_2 G_3}{1 + G_1 G_2 G_4 + G_2 G_3}$

[답] ③

18. 그림과 같은 피드백 회로의 종합 전달 함수는?

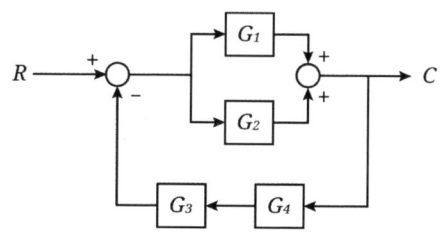

① $\dfrac{G_1 G_3}{1 + G_1 G_2 + G_3 G_4}$
② $\dfrac{G_1 + G_2}{1 + G_1 G_3 G_4 + G_2 G_3 G_4}$
③ $\dfrac{G_1 + G_2}{1 + G_1 G_2 G_3 G_4}$
④ $\dfrac{G_1 G_2}{1 + G_4 G_2 + G_3 G_1}$

해설 18

$$G(s) = \frac{C(s)}{R(s)} = \frac{G_1 + G_2}{1 - (-G_1 \times G_4 \times G_3) - (-G_2 \times G_4 \times G_3)} = \frac{G_1 + G_2}{1 + G_1 G_3 G_4 + G_2 G_3 G_4}$$

[답] ②

---

19. 블록 선도에서 $r(t) = 25$, $G_1 = 1$, $H_1 = 5$, $c(t) = 50$ 일 때 H_2를 구하면?

① $\dfrac{1}{4}$
② $\dfrac{1}{10}$
③ $\dfrac{2}{5}$
④ $\dfrac{2}{3}$

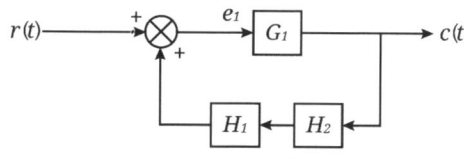

해설 19

$$\frac{C(s)}{R(s)} = \frac{50}{25} = 2 = \frac{G_1}{1 - G_1 H_1 H_2} = \frac{1}{1 - 1 \times 5 \times H_2} \text{ 에서, } H_2 = \frac{1 - 0.5}{5} = \frac{0.5}{5} = \frac{1}{10}$$

[답] ②

20. 그림과 같은 2중 입력으로 된 블록 선도의 출력 C는?

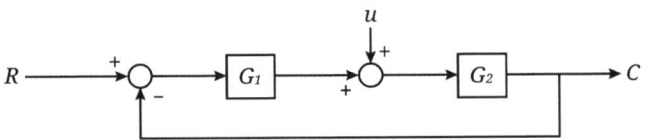

① $\left(\dfrac{G_2}{1-G_1G_2}\right)(G_1R+u)$ ② $\left(\dfrac{G_2}{1+G_1G_2}\right)(G_1R+u)$

③ $\left(\dfrac{G_2}{1-G_1G_2}\right)(G_1R-u)$ ④ $\left(\dfrac{G_2}{1+G_1G_2}\right)(G_1R-u)$

해설 20

① $\dfrac{C}{R} = \dfrac{G_1 \times G_2}{1-(-G_1 \times G_2)} = \dfrac{G_1G_2}{1+G_1G_2} \Rightarrow \cdot C = \dfrac{G_1G_2}{1+G_1G_2}R$

② $\dfrac{C}{u} = \dfrac{G_2}{1-(-G_1 \times G_2)} = \dfrac{G_2}{1+G_1G_2} \Rightarrow \cdot C = \dfrac{G_2}{1+G_1G_2}u$

∴ $C = \dfrac{G_1G_2}{1+G_1G_2}R + \dfrac{G_2}{1+G_1G_2}u = \dfrac{G_2}{1+GG_2}(G_1R+u)$

[답] ②

21. 그림과 같은 블록 선도에서 외란이 있는 경우의 출력은?

① $H_1H_2e_i + H_2e_f$
② $H_1H_2(e_i + e_f)$
③ $H_1e_i + H_2e_f$
④ $H_1H_2e_ie_f$

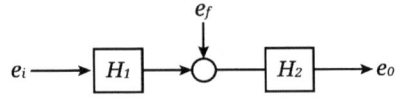

해설 21

① $\dfrac{e_0}{e_i} = \dfrac{H_1 \times H_2}{1-0} = H_1H_2 \Rightarrow \cdot e_0 = H_1H_2e_i$

② $\dfrac{e_0}{e_f} = \dfrac{H_2}{1-0} = H_2 \Rightarrow \cdot e_0 = H_2e_f$

∴ $e_0 = H_1H_2e_i + H_2e_f$

[답] ①

22. 그림의 신호 흐름 선도를 단순화하면?

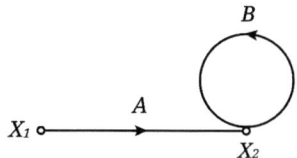

① $X_1 \xrightarrow{AB} X_2$ ② $X_1 \xrightarrow{1/A-B} X_2$

③ $X_1 \xrightarrow{A/1-B} X_2$ ④ $X_1 \xrightarrow{1-B} X_2$

해설 22

(1) 우선, 문제에 주어진 선도의 전달 함수를 구하면,

$$\frac{X_2}{X_1} = \frac{A}{1-B}$$

(2) 따라서, 이를 다시 신호 흐름 선도로 그려보면,

$X_1 \xrightarrow{A/1-B} X_2$

[답] ③

23. 그림의 신호 흐름 선도에서 $\dfrac{C}{R}$ 는?

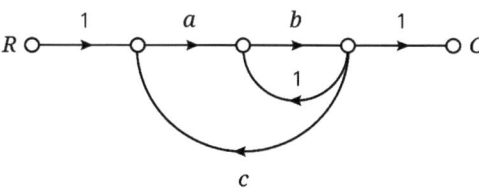

① $\dfrac{ab}{1+b-abc}$ ② $\dfrac{ab}{1-b-abc}$ ③ $\dfrac{ab}{1-b+abc}$ ④ $\dfrac{ab}{1-ab+abc}$

해설 23

$$\frac{C}{R} = \frac{1 \times a \times b \times 1}{1 - b \times 1 - a \times b \times c} = \frac{ab}{1-b-abc}$$

[답] ②

24. 그림과 같은 신호 흐름 선도에서 $\dfrac{C}{R}$를 구하면?

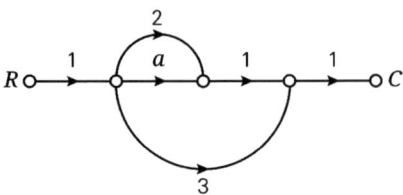

① $a+2$ ② $a+3$ ③ $a+5$ ④ $a+6$

해설 24

$$\dfrac{C}{R} = \dfrac{1\times a\times 1\times 1 + 1\times 2\times 1\times 1 + 1\times 3\times 1}{1-0} = a+2+3 = a+5$$

[답] ③

25. 그림과 같은 신호 흐름 선도에서 $\dfrac{C}{R}$는?

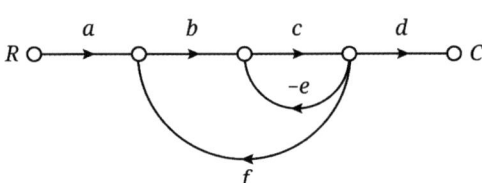

① $\dfrac{abcd}{1+ce+bcf}$ ② $\dfrac{abcd}{1-ce+bcf}$ ③ $\dfrac{abcd}{1+ce-bcf}$ ④ $\dfrac{abcd}{1-ce+bcf}$

해설 25

$$\dfrac{C}{R} = \dfrac{a\times b\times c\times d}{1-(-c\times e)-(b\times c\times f)} = \dfrac{abcd}{1+ce-bcf}$$

[답] ③

26. 그림의 신호 흐름 선도에서 $\dfrac{C}{R}$를 구하면?

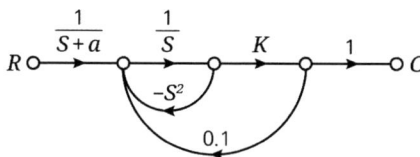

① $(s+a)(s^2-s-0.1K)$ ② $(s-a)(s^2-s-0.1K)$

③ $\dfrac{K}{(s+a)(s^2-s-0.1K)}$ ④ $\dfrac{K}{(s+a)(s^2+s-0.1K)}$

해설 26

$$\dfrac{C}{R} = \dfrac{\dfrac{1}{s+a} \times \dfrac{1}{s} \times K \times 1}{1-\left(-\dfrac{1}{s}\times s^2\right)-\left(\dfrac{1}{s}\times K \times 0.1\right)} = \dfrac{\dfrac{K}{s(s+a)}}{1+s-\dfrac{0.1K}{s}} = \dfrac{\dfrac{K}{s+a}}{s^2+s-0.1K}$$

$$= \dfrac{K}{(s+a)(s^2+s-0.1K)}$$

[답] ③

27. 신호 흐름 선도의 전달 함수는?

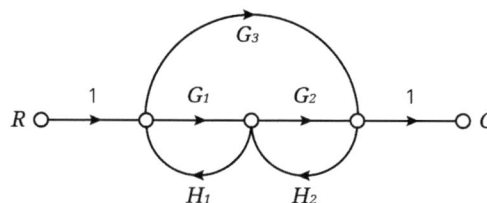

① $\dfrac{G_1 G_2 + G_3}{1-(G_1 H_1 + G_2 H_2) - G_3 H_1 H_2}$ ② $\dfrac{G_1 G_2 + G_3}{1-(G_1 H_1 - G_2 H_2)}$

③ $\dfrac{G_1 G_2 - G_3}{1-(G_1 H_1 - G_2 H_2)}$ ④ $\dfrac{G_1 G_2 - G_3}{1-(G_1 H_1 + G_2 H_2)}$

해설 27

$$\dfrac{C}{R} = \dfrac{1 \times G_1 \times G_2 \times 1 + 1 \times G_3 \times 1}{1 - G_1 H_1 - G_2 H_2 - G_3 \times H_2 \times H_1} = \dfrac{G_1 G_2 + G_3}{1 - G_1 H_1 - G_2 H_2 - G_3 H_1 H_2}$$

$$= \dfrac{G_1 G_2 + G_3}{1-(G_1 H_1 + G_2 H_2) - G_3 H_1 H_2}$$

[답] ①

28. 아래 신호 흐름 선도의 전달 함수 $\dfrac{C}{R}$를 구하면?

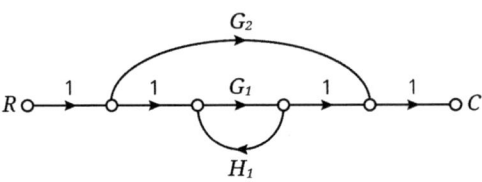

① $\dfrac{G_1+G_2}{1-G_1H_1}$ ② $\dfrac{G_1+G_2}{1-G_1H_1+G_2H_2}$

③ $\dfrac{G_1+G_2(1-G_1H_1)}{1-G_1H_1}$ ④ $\dfrac{G_1G_2}{1-G_1H_1}$

해설 28

문제에 주어진 선도는 경로(G_2)에 접하지 않는 폐루프(G_1H_1)가 있는 경우이다. 따라서,

$\dfrac{C}{R} = \dfrac{G_1+G_2\times(1-G_1H_1)}{1-G_1H_1}$ 과 같이 풀어야 한다.

[답] ③

29. 아래 신호 흐름 선도의 전달 함수 $\dfrac{C}{R}$를 구하면?

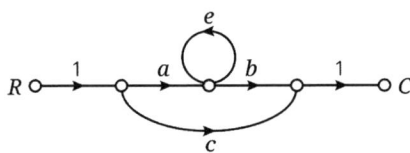

① $\dfrac{ab+c(1-e)}{1-e}$ ② $\dfrac{ab+c}{1-e}$

③ $ab+c$ ④ $\dfrac{ab+c(1+e)}{1+e}$

해설 29

문제에 주어진 선도는 c 경로에 접하지 않는 폐루프(e)가 있는 경우이다. 따라서,

- $G(s) = \dfrac{1 \times a \times b \times 1 + c \times (1-e)}{1-e} = \dfrac{ab + c(1-e)}{1-e}$

[답] ①

★★・・・

30. 그림의 신호 흐름 선도의 전달 함수 $\dfrac{C}{R}$를 구하면?

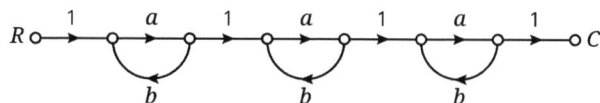

① $\dfrac{a^3}{(1-ab)^3}$

② $\dfrac{a^3}{1 - 3ab + a^2b^2}$

③ $\dfrac{a^3}{1 - 3ab}$

④ $\dfrac{a^3}{1 - 3ab + 2a^2b^2}$

해설 30

직렬 종속 접속

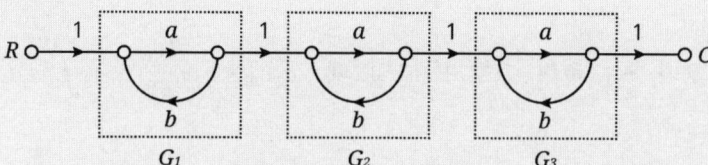

① G_1, G_2, G_3가 서로 직렬로 종속적인 관계로서, 우선 각각의 전달 함수를 구한다.

- $G_1 = G_2 = G_3 = \dfrac{a}{1-ab}$

② 따라서, 전체 전달 함수는,

- $G = G_1 \times G_2 \times G_3 = \dfrac{a}{1-ab} \times \dfrac{a}{1-ab} \times \dfrac{a}{1-ab} = \dfrac{a^3}{(1-ab)^3}$

[답] ①

31. 그림의 신호 흐름 선도의 전달 함수 $\dfrac{C}{R}$를 구하면?

① $\dfrac{a^3}{(1-ab)^3}$ ② $\dfrac{a^3}{1-3ab+a^2b^2}$

③ $\dfrac{3a}{1-ab}$ ④ $\dfrac{a^3}{1-3ab+2a^2b^2}$

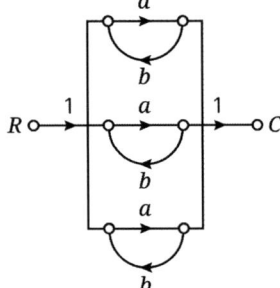

해설 31
병렬 종속 접속
① G_1, G_2, G_3가 서로 직렬로 종속적인 관계로서, 우선 각각의 전달 함수를 구한다.
- $G_1 = G_2 = G_3 = \dfrac{a}{1-ab}$

② 따라서, 전체 전달 함수는,
- $G = G_1 + G_2 + G_3 = \dfrac{a}{1-ab} + \dfrac{a}{1-ab} + \dfrac{a}{1-ab} = \dfrac{3a}{1-ab}$

[답] ③

32. 입력 신호가 v_i, 출력 신호가 v_0 일 때, $a_1 v_0 + a_2 \dfrac{dv_0}{dt} + a_3 \int v_0 dt = v_i$의 전달 함수는?

① $\dfrac{s}{a_2 s^2 + a_1 s + a_3}$ ② $\dfrac{1}{a_2 s^2 + a_1 s + a_3}$

③ $\dfrac{s}{a_3 s^2 + a_2 s + a_1}$ ④ $\dfrac{1}{a_3 s^2 + a_2 s + a_1}$

해설 32
(1) 우선, 주어진 방정식을 라플라스 변환하면,
$a_1 V_0 + a_2 s\, V_0 + a_3 \dfrac{1}{s} V_0 = V_i$

(2) 따라서, 입력 전압과 출력 전압에 대한 전달 함수는,
$\dfrac{V_0}{V_i} = \dfrac{1}{a_1 + a_2 s + a_3 \dfrac{1}{s}} = \dfrac{s}{a_2 s^2 + a_1 s + a_3}$

[답] ①

33. 미분 방정식 $\dfrac{d^2y}{dt^2} + 3\dfrac{dy}{dt} + 2y = x + \dfrac{dx}{dt}$ 로 나타낼 수 있는 선형계의 전달 함수는? (단, $y(t)$는 계의 출력, $x(t)$는 계의 입력이다.)

① $\dfrac{s+2}{3s^2+s+1}$　　　　② $\dfrac{s+1}{2s^2+s+3}$

③ $\dfrac{s+1}{s^2+3s+2}$　　　　④ $\dfrac{s+1}{s^2+s+3}$

해설 33

(1) 우선, 주어진 방정식을 라플라스 변환하면,

$s^2 Y + 3s Y + 2Y = X + sX$

(2) 따라서, 입력과 출력에 대한 전달 함수는,

$\dfrac{Y}{X} = \dfrac{1+s}{s^2+3s+2}$

[답] ③

---

34. 어떤 계를 표시하는 미분 방정식이

$\dfrac{d^2y(t)}{dt^2} + 3\dfrac{dy(t)}{dt} + 2y(t) = \dfrac{dx(t)}{dt} + x(t)$ 라고 한다. $x(t)$는 입력, $y(t)$는 출력이라고 한다면 이 계의 전달 함수는 어떻게 표시되는가?

① $G(s) = \dfrac{s^2+3s+2}{s+1}$　　　　② $G(s) = \dfrac{2s+1}{s^2+s+1}$

③ $G(s) = \dfrac{s+1}{s^2+3s+2}$　　　　④ $G(s) = \dfrac{s+1}{s^2+s+3}$

해설 34

(1) 우선, 주어진 방정식을 라플라스 변환하면,

$s^2 Y(s) + 3s Y(s) + 2Y(s) = sX(s) + X(s)$

(2) 따라서, 입력과 출력에 대한 전달 함수는,

$\dfrac{Y(s)}{X(s)} = \dfrac{s+1}{s^2+3s+2}$

[답] ③

35. 시간 지연 요인을 포함한 어떤 특정계가 다음 미분 방정식으로 표현된다. 이 계의 전달 함수를 구하면?

$$\frac{dy(t)}{dt} + y(t) = x(t-T)$$

① $P(s) = \frac{Y(s)}{X(s)} = \frac{e^{-sT}}{s+1}$
② $P(s) = \frac{Y(s)}{X(s)} = \frac{e^{sT}}{s-1}$
③ $P(s) = \frac{Y(s)}{X(s)} = \frac{s+1}{e^{sT}}$
④ $P(s) = \frac{Y(s)}{X(s)} = \frac{e^{-2sT}}{s+1}$

해설 35

(1) 우선, 주어진 방정식을 라플라스 변환하면,
$sY(s) + Y(s) = X(s)e^{-Ts}$

(2) 따라서, 입력과 출력에 대한 전달 함수는,
$\frac{Y(s)}{X(s)} = \frac{e^{-Ts}}{s+1}$

[답] ①

36. 입력 신호 $x(t)$와 출력 신호 $y(t)$의 관계가 다음과 같을 때 전달 함수는?
(단, $\frac{d^2}{dt^2}y(t) + 5\frac{d}{dt}y(t) + 6y(t) = x(t)$)

① $\frac{1}{(s+2)(s+3)}$
② $\frac{s+1}{(s+2)(s+3)}$
③ $\frac{s+4}{(s+2)(s+3)}$
④ $\frac{s}{(s+2)(s+3)}$

해설 36

(1) 우선, 주어진 방정식을 라플라스 변환하면,
$s^2Y(s) + 5sY(s) + 6Y(s) = X(s)$

(2) 따라서, 입력과 출력에 대한 전달 함수는,
$\frac{Y(s)}{X(s)} = \frac{1}{s^2+5s+6} = \frac{1}{(s+2)(s+3)}$

[답] ①

37. 전달 함수가 $G(s) = \dfrac{Y(s)}{X(s)} = \dfrac{10}{(s+1)(s+2)}$ 인 계를 미분 방정식 형으로 나타낸 것은?

① $\dfrac{d^2}{dt^2}x(t) + 3\dfrac{d}{dt}x(t) + 2x(t) = 10\,y(t)$

② $\dfrac{d^2}{dt^2}x(t) + 3\dfrac{d}{dy}x(t) + 2x(t) = 10$

③ $\dfrac{d^2}{dt^2}y(t) + 3\dfrac{d}{dt}y(t) + 2y(t) = 10\,x(t)$

④ $\dfrac{d^2}{dt^2}y(t) + 3\dfrac{d}{dx}y(t) + 2y(t) = 10$

해설 37

(1) 우선, 주어진 전달 함수에서 각각의 분모들을 반대 분자에 넘겨 형태로 변환하면,
$(s+1)(s+2)Y(s) = 10X(s) \;\;\Rightarrow\;\; s^2Y(s) + 3sY(s) + 2Y(s) = 10X(s)$

(2) 따라서, 역 라플라스 변환하여 미분 방정식을 구하면,
$\dfrac{d^2}{dt^2}y(t) + 3\dfrac{d}{dt}y(t) + 2y(t) = 10\,x(t)$

[답] ③

38. $\dfrac{X(s)}{R(s)} = \dfrac{1}{s+4}$ 의 전달 함수를 미분 방정식으로 표시하면?

① $\dfrac{d}{dt}r(t) + 4r(t) = x(t)$　　② $\int r(t)\,dt + 4r(t) = x(t)$

③ $\dfrac{d}{dt}x(t) + 4x(t) = r(t)$　　④ $\int x(t)\,dt + 4x(t) = r(t)$

해설 38

(1) 우선, 주어진 전달 함수에서 각각의 분모들을 반대 분자에 넘겨 형태로 변환하면,
$sX(s) + 4X(s) = R(s)$

(2) 따라서, 역 라플라스 변환하여 미분 방정식을 구하면,
$\dfrac{d}{dt}x(t) + 4x(t) = r(t)$

[답] ③

39. $\dfrac{A(s)}{B(s)} = \dfrac{1}{2s+1}$ 의 전달 함수를 미분 방정식으로 표시하면?

① $\dfrac{da(t)}{dt} + 2a(t) = 2b(t)$ ② $2\dfrac{da(t)}{dt} + a(t) = 2b(t)$

③ $\dfrac{da(t)}{dt} + 2a(t) = b(t)$ ④ $2\dfrac{da(t)}{dt} + a(t) = b(t)$

해설 39

(1) 우선, 주어진 전달 함수에서 각각의 분모들을 반대 분자에 넘겨 형태로 변환하면,
$2sA(s) + A(s) = B(s)$

(2) 따라서, 역 라플라스 변환하여 미분 방정식을 구하면,
$2\dfrac{d}{dt}a(t) + a(t) = b(t)$

[답] ④

40. 어떤 계의 임펄스 응답(impulse response)이 정현파 신호 $\sin t$ 일 때, 이 계의 전달 함수와 미분 방정식을 구하면?

① $\dfrac{1}{s^2+1}$, $\dfrac{d^2y}{dt^2} + y = x$ ② $\dfrac{1}{s^2-1}$, $\dfrac{d^2y}{dt^2} + 2y = 2x$

③ $\dfrac{1}{2s+1}$, $\dfrac{d^2y}{dt^2} - y = x$ ④ $\dfrac{1}{2s^2-1}$, $\dfrac{d^2y}{dt^2} - 2y = 2x$

해설 40

(1) 임펄스 응답이란, 임펄스 신호 $\delta(t)$ 를 입력으로 가했을 때의 출력으로서,

$r(t) = \delta(t)$ → $G(S)$ → $y(t) = \sin t$
$R(S) = 1$, $Y(S) = \dfrac{1}{s^2 + 1^2}$

(2) 따라서, 전달 함수는, $\dfrac{Y(s)}{R(s)} = \dfrac{\dfrac{1}{s^2+1^2}}{1} = \dfrac{1}{s^2+1}$

(3) 위 전달 함수를 역 라플라스 변환하여 미분 방정식을 구하면,
$s^2 Y(s) + Y(s) = R(s) \Rightarrow \dfrac{d^2}{dt^2}y(t) + y(t) = r(t)$

[답] ①

Chapter 04

진상, 지상 보상기

01. 진상 보상기, 지상 보상기 회로망
02. 연산 증폭기(OP Amp)
- 적중실전문제

Chapter 04 진상, 지상 보상기

01 진상 보상기, 지상 보상기 회로망

1) 진상 보상 회로망 (미분기)
입력에 비하여 출력의 위상이 빠른 요소, 즉 진상 요소를 보상 요소로 사용하며 안정도와 속응성의 개선을 목적으로 한다.

2) 지상 보상 회로망 (적분기)
입력에 비하여 출력의 위상이 늦은 요소, 즉 지상 요소를 보상 요소로 사용하며 정상 편차의 개선을 목적으로 한다.

3) 진상 회로망

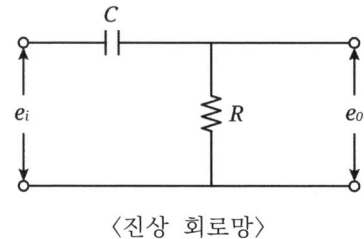

〈진상 회로망〉

(1) 그림과 같은 회로망의 전달 함수를 구하면,

$$G(s) = \frac{E_0(s)}{E_i(s)} = \frac{R}{\frac{1}{Cs} + R}$$

$$= \frac{RCs}{1 + RCs} = \frac{s}{s + \frac{1}{RC}}$$

(2) 위 전달 함수에서 위상 관계를 비교해보면,

$$G(j\omega) = \frac{j\omega}{j\omega + \frac{1}{RC}} = \frac{\angle 90°}{\angle \tan^{-1}\omega RC} = \angle 90° - \angle \tan^{-1}\omega RC = \angle +\theta$$

로서, 진상 보상기 역할을 한다.

4) 지상 회로망

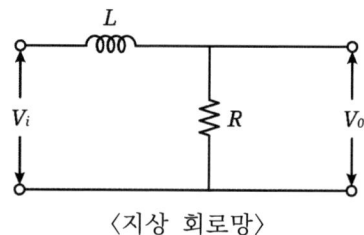

⟨지상 회로망⟩

(1) 그림과 같은 회로망의 전달 함수를 구하면,

$$G(s) = \frac{V_0(s)}{V_i(s)} = \frac{R}{Ls+R} = \frac{\frac{R}{L}}{s+\frac{R}{L}}$$

(2) 위 전달 함수에서 위상 관계를 비교해보면,

$$G(j\omega) = \frac{\frac{R}{L}}{j\omega+\frac{R}{L}} = \frac{\angle 0°}{\angle \tan^{-1}\frac{\omega L}{R}} = \angle 0° - \angle \tan^{-1}\frac{\omega L}{R} = \angle -\theta$$

로서, 지상 보상기 역할을 한다.

예제 1

그림과 같은 회로망은 어떤 보상기로 사용할 수 있는가?
(단, $1 \ll R_1 C$인 경우로 한다.)

① 진상 보상기
② 지상 보상기
③ 지·진상 보상기
④ 진·지상 보상기

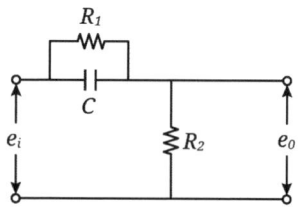

【해설】
R, C 회로망에서, 콘덴서가 회로망 입력 측에 있으면 진상 보상기(미분기)로 작용하고, 콘덴서가 회로망 출력 측에 있으면 지상 보상기(적분기)로 작용한다.

[답] ①

Chapter 04. 진상, 지상 보상기

02 연산 증폭기(OP Amp)

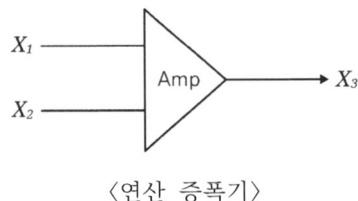

〈연산 증폭기〉

1) 이상적인 증폭기의 특성
   (1) 입력 임피던스가 매우 크다.
   (2) 출력 임피던스가 매우 작다.
   (3) 전압 이득이 매우 크다.
   (4) 전력 이득이 매우 크다.

2) 진상 증폭기 (미분기)
   입력에 비하여 출력의 위상이 빠른 요소, 즉 진상 요소를 보상 요소로 사용하며 안정도와 속응성의 개선을 목적으로 한다.

3) 지상 보상 회로망 (적분기)
   입력에 비하여 출력의 위상이 늦은 요소, 즉 지상 요소를 보상 요소로 사용하며 정상 편차의 개선을 목적으로 한다.

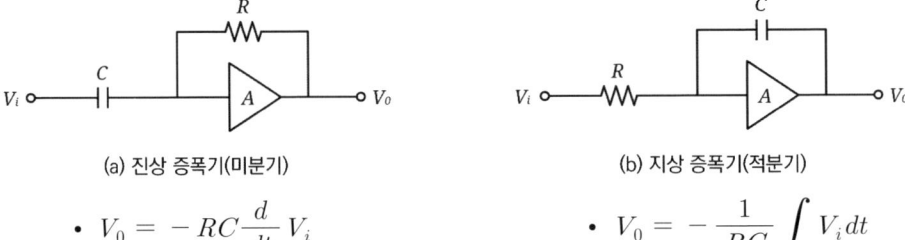

(a) 진상 증폭기(미분기)

- $V_0 = -RC\dfrac{d}{dt}V_i$

(b) 지상 증폭기(적분기)

- $V_0 = -\dfrac{1}{RC}\int V_i dt$

예제 2

연산 증폭기의 성질에 관한 설명 중 옳지 않은 것은?
① 전압 이득이 매우 크다.　　② 입력 임피던스가 매우 작다.
③ 전력 이득이 매우 크다.　　④ 입력 임피던스가 매우 크다.

【해설】
이상적인 증폭기의 특성
(1) 입력 임피던스가 매우 크다.　(2) 출력 임피던스가 매우 작다.
(3) 전압 이득이 매우 크다.　　　(4) 전력 이득이 매우 크다

[답] ②

Chapter 04. 진상, 지상 보상기
적중실전문제

★★★★★

1. PD 제어기는 제어계의 과도 특성 개선을 위해 흔히 사용된다. 이것에 대응하는 보상기는?

① 지·진상 보상기
② 지상 보상기
③ 진상 보상기
④ 동상 보상기

해설 1
(1) PD(비례-미분) 제어기 : 진상 보상기
(2) PI(비례-적분) 제어기 : 지상 보상기

[답] ③

★★★★★

2. 그림과 같은 회로망은 어떤 보상기로 사용할 수 있는가?
(단, $1 \ll R_1 C$인 경우로 한다.)

① 진상 보상기
② 지상 보상기
③ 지·진상 보상기
④ 진·지상 보상기

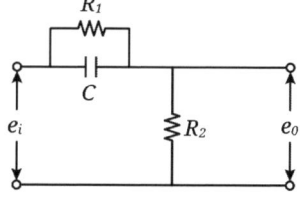

해설 2
$R-C$ 회로에서,
(1) 콘덴서가 입력 측에 있으면, 진상 회로망 (미분기)
(2) 콘덴서가 출력 측에 있으면, 지상 회로망 (적분기)

[답] ①

3. 그림과 같은 회로에서 입력 전압의 위상은 출력 전압의 위상과 비교하여 어떠한가?

① 앞선다.
② 뒤진다.
③ 동상이다.
④ 앞설 수도 있고 뒤질 수도 있다.

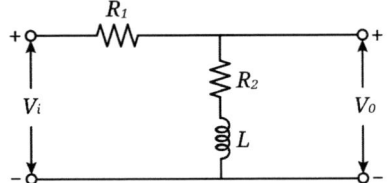

해설 3
$R-L$ 회로에서,
(1) 인덕턴스가 입력 측에 있으면, 지상 회로망 (적분기)
(2) 인덕턴스가 출력 측에 있으면, 진상 회로망 (미분기)

[답] ②

4. 그림과 같은 회로는?

① 미분 회로
② 적분 회로
③ 가산 회로
④ 미분, 적분 회로

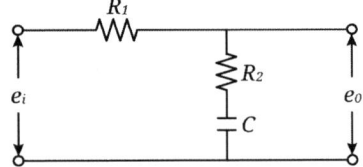

해설 4
$R-C$ 회로에서,
(1) 콘덴서가 입력 측에 있으면, 진상 회로망 (미분기)
(2) 콘덴서가 출력 측에 있으면, 지상 회로망 (적분기)

[답] ②

5. 보상기의 전달 함수가 $G_c(s) = \dfrac{1+\alpha Ts}{1+Ts}$ 일 때 진상 보상기가 되기 위한 조건은?

① $\alpha > 1$ ② $\alpha < 1$ ③ $\alpha = 1$ ④ $\alpha = 0$

해설 5

$G(j\omega) = \dfrac{1+j\omega\alpha T}{1+j\omega T} = \dfrac{\angle \tan^{-1}\dfrac{\omega\alpha T}{1}}{\angle \tan^{-1}\dfrac{\omega T}{1}} = \dfrac{\angle \theta_1}{\angle \theta_2} = \angle \theta_1 - \angle \theta_2$ 에서 진상 보상기

조건은, $\theta_1 > \theta_2$ 이어야 하므로 $\alpha > 1$ 이면 된다.

[답] ①

6. 다음의 전달 함수를 갖는 회로가 진상 보상 회로의 특성을 가지려면 그 조건은 어떠한가?

① $a > b$
② $a < b$
③ $a > 1$
④ $b > 1$

$$G(s) = \dfrac{s+b}{s+a}$$

해설 6

$G(j\omega) = \dfrac{j\omega+b}{j\omega+a} = \dfrac{\angle \tan^{-1}\dfrac{\omega}{b}}{\angle \tan^{-1}\dfrac{\omega}{a}} = \dfrac{\angle \theta_1}{\angle \theta_2} = \angle \theta_1 - \angle \theta_2$ 에서 진상 보상기 조건은,

$\theta_1 > \theta_2$ 이어야 하므로 $a > b$ 이면 된다.

[답] ①

7. 그림과 같은 곱셈 회로에서 출력 전압 e_2는?

① $e_2 = \dfrac{R_2}{R_1} e_1$

② $e_2 = \dfrac{R_1}{R_2} e_1$

③ $e_2 = -\dfrac{R_2}{R_1} e_1$

④ $e_2 = -\dfrac{R_1}{R_2} e_1$

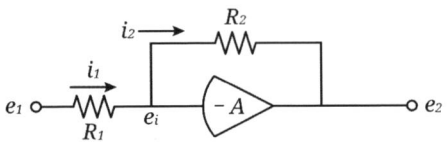

해설 7

(1) 키르히호프의 법칙에 의하여,
- $i_1 = i_2 + i_A = i_2$

(2) 위 식에 오옴의 법칙을 적용하면,

$$\dfrac{e_1 - e_i}{R_1} = \dfrac{e_i - e_2}{R_2} \quad \Rightarrow \quad \dfrac{e_1}{R_1} = \dfrac{-e_2}{R_2}$$

$$\therefore e_2 = -\dfrac{R_2}{R_1} e_1$$

[답] ③

8. 그림과 같이 연산 증폭기를 사용한 연산 회로의 출력항은 어느 것인가?

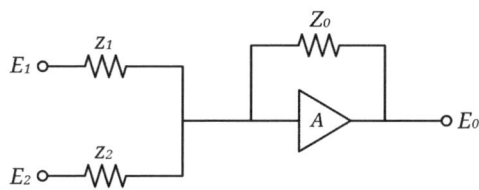

① $E_0 = Z_0 \left(\dfrac{E_1}{Z_1} + \dfrac{E_2}{Z_2} \right)$

② $E_0 = -Z_0 \left(\dfrac{E_1}{Z_1} + \dfrac{E_2}{Z_2} \right)$

③ $E_0 = Z_0 \left(\dfrac{E_1}{Z_2} + \dfrac{E_2}{Z_2} \right)$

④ $E_0 = -Z_0 \left(\dfrac{E_1}{Z_2} + \dfrac{E_2}{Z_2} \right)$

해설 8

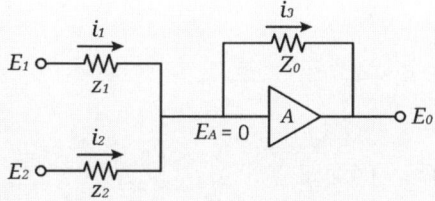

(1) 키르히호프의 법칙에 의하여,
- $i_1 + i_2 = i_3$

(2) 위 식에 오옴의 법칙을 적용하면,

$$\frac{E_1 - 0}{Z_1} + \frac{E_2 - 0}{Z_2} = \frac{0 - E_0}{Z_0} \Rightarrow \frac{E_1}{Z_1} + \frac{E_2}{Z_2} = \frac{-E_0}{Z_0}$$

$$\therefore E_0 = -Z_0 \left(\frac{E_1}{Z_1} + \frac{E_2}{Z_2} \right)$$

[답] ②

9. 그림과 같은 연산 증폭기에서 출력 전압 V_0을 나타낸 것은? (단, V_1, V_2, V_3는 입력 신호이고, A는 연산 증폭기의 이득이다.)

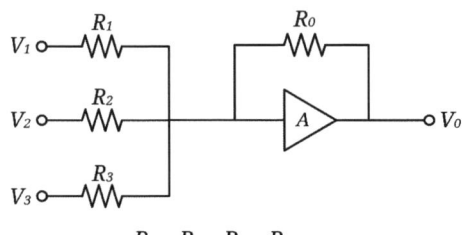

$R_1 = R_2 = R_3 = R$

① $V_0 = \dfrac{R_0}{3R}(V_1 + V_2 + V_3)$

② $V_0 = \dfrac{R}{R_0}(V_1 + V_2 + V_3)$

③ $V_0 = \dfrac{R_0}{R}(V_1 + V_2 + V_3)$

④ $V_0 = -\dfrac{R_0}{R}(V_1 + V_2 + V_3)$

해설 9

(1) 키르히호프의 법칙에 의하여,
- $i_1 + i_2 + i_3 = i_0$

(2) 위 식에 오옴의 법칙을 적용하면,

$\dfrac{V_1-0}{R_1} + \dfrac{V_2-0}{R_2} + \dfrac{V_3-0}{R_3} = \dfrac{0-V_0}{R_0} \Rightarrow \cdot \dfrac{V_1}{R_1} + \dfrac{V_2}{R_2} + \dfrac{V_3}{R_3} = \dfrac{-V_0}{R_0}$

$\therefore V_0 = -R_0\left(\dfrac{V_1}{R_1} + \dfrac{V_2}{R_2} + \dfrac{V_3}{R_3}\right) = -R_0\left(\dfrac{V_1}{R} + \dfrac{V_2}{R} + \dfrac{V_3}{R}\right) = -\dfrac{R_0}{R}(V_1 + V_2 + V_3)$

[답] ④

10. 다음 연산 증폭기의 출력 X_3는?

① $-a_1X_1 - a_2X_2$
② $a_1X_1 + a_2X_2$
③ $(a_1+a_2)(X_1+X_2)$
④ $-(a_1-a_2)(X_1+X_2)$

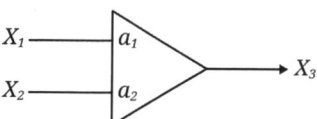

해설 10

$X_3 = -a_1X_1 - a_2X_2$

[답] ①

11. 그림의 연산 증폭기를 사용한 회로의 기능은?

① 가산기
② 미분기
③ 적분기
④ 제한기

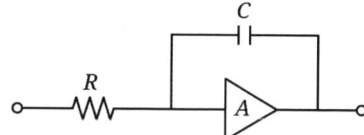

해설 11

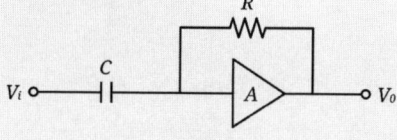

(a) 진상 증폭기(미분기)

- $V_0 = -RC\dfrac{d}{dt}V_i$

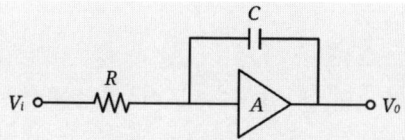

(b) 지상 증폭기(적분기)

- $V_0 = -\dfrac{1}{RC}\int V_i dt$

[답] ③

12. 다음 연산 기구의 출력으로 바르게 표현된 것은?
(단, OP 증폭기는 이상적인 것으로 생각한다.)

① $e_0 = -\dfrac{1}{RC}\int e_i dt$

② $e_0 = -\dfrac{1}{RC}\dfrac{de_i}{dt}$

③ $e_0 = -RC\int e_i dt$

④ $e_0 = -\dfrac{C}{R}\int e_i dt$

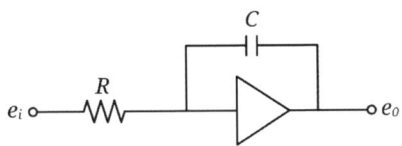

해설 12

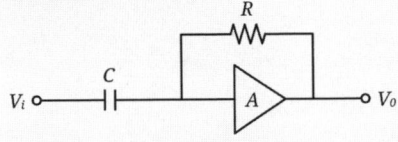

(a) 진상 증폭기(미분기)

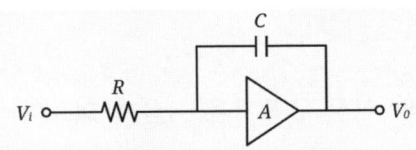

(b) 지상 증폭기(적분기)

- $V_0 = -RC\dfrac{d}{dt}V_i$

- $V_0 = -\dfrac{1}{RC}\int V_i dt$

[답] ①

13. 이득이 10^7 인 연산 증폭기 회로에서 출력 전압 V_0를 나타내는 식은?
(단, V_i는 입력 신호이다.)

① $V_0 = -12\dfrac{dV_i}{dt}$

② $V_0 = -8\dfrac{dV_i}{dt}$

③ $V_0 = -0.5\dfrac{dV_i}{dt}$

④ $V_0 = -\dfrac{1}{8}\dfrac{dV_i}{dt}$

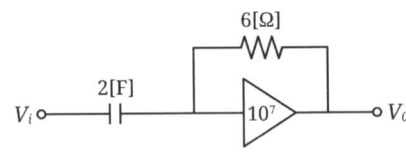

해설 13

- $V_0 = -RC\dfrac{d}{dt}V_i = -6\times 2\dfrac{d}{dt}V_i = -12\dfrac{d}{dt}V_i$

[답] ①

자동 제어의 과도 응답

01. 자동 제어의 과도 응답의 종류

02. 자동 제어의 과도 응답 특성

03. 특성 방정식의 근의 위치에 따른 응답 특성

04. 영점 및 극점

05. 제동비에 따른 제어계의 과도 응답 특성

- 적중실전문제

Chapter 05 자동 제어의 과도 응답

01 자동 제어의 과도 응답의 종류

1) 임펄스 응답
제어 장치의 입력에 단위 임펄스 함수 $R(s) = 1$을 가했을 때의 출력

$$R(S) = 1 \longrightarrow \boxed{G(S)} \longrightarrow C(S) = R(S) \cdot G(S)$$

2) 인디셜 응답
제어 장치의 입력에 단위 계단 함수 $R(s) = \dfrac{1}{s}$을 가했을 때의 출력

$$R(S) = \dfrac{1}{S} \longrightarrow \boxed{G(S)} \longrightarrow C(S) = R(S) \cdot G(S)$$

3) 경사 응답
제어 장치의 입력에 단위 램프 함수 $R(s) = \dfrac{1}{s^2}$을 가했을 때의 출력

$$R(S) = \dfrac{1}{S^2} \longrightarrow \boxed{G(S)} \longrightarrow C(S) = R(S) \cdot G(S)$$

예제 1

어떤 제어계의 임펄스 응답이 $\sin \omega t$일 때 계의 전달 함수는?

① $\dfrac{\omega}{s+\omega}$ ② $\dfrac{s}{s^2+\omega^2}$ ③ $\dfrac{\omega}{s^2+\omega^2}$ ④ $\dfrac{\omega^2}{s+\omega}$

【해설】

$C(s) = R(s) \cdot G(s)$ 에서, $G(s) = \dfrac{C(s)}{R(s)} = \dfrac{\dfrac{\omega}{s^2+\omega^2}}{1} = \dfrac{\omega}{s^2+\omega^2}$

[답] ③

02 자동 제어의 과도 응답 특성

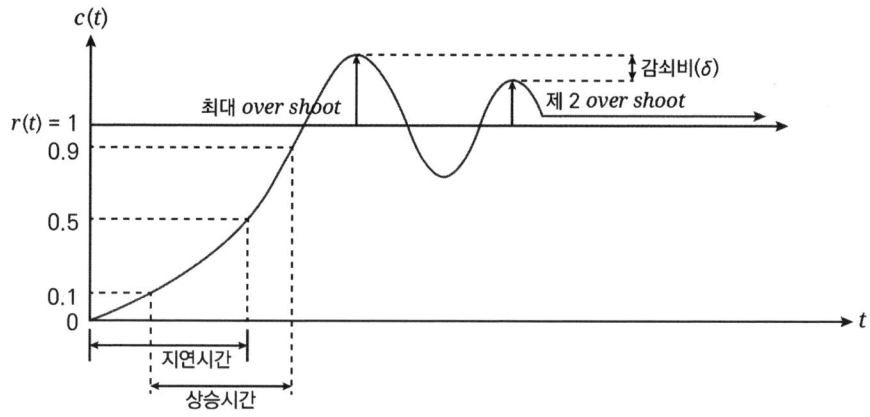

〈단위 계단 입력에 대한 제어 장치의 시간 응답〉

(1) 지연 시간(delay time)
   제어계의 출력이 입력 값의 50[%]까지 도달하는데 걸리는 시간

(2) 상승 시간(rise time)
   제어계의 출력이 입력 값의 10[%]에서 90[%]까지의 시간

(3) 최대 오버슈트(over-shoot)
   제어계의 출력이 입력 값을 최대로 초과하는 과도상태 편차

(4) 제2 오버슈트(over-shoot)
   제어계의 출력이 입력 값을 2번째로 초과하는 과도상태 편차

(5) 감쇠비
   제어계의 최대 오버슈트가 제2 오버슈트로 감소할 때의 제동비
   - 감쇠비 : $\delta = \dfrac{제2\ 오버슈트}{최대\ 오버슈트}$

예제 2

다음 과도 응답에 관한 설명 중 틀린 것은?
① 오버슈트는 응답 중에 생기는 입력과 출력 사이의 최대 편차를 말한다.
② 시간 늦음(time delay)이란 응답이 최초로 희망값의 10[%] 진행되는데 요하는 시간을 말한다.
③ 감쇠비= $\dfrac{제2오버슈트}{최대오버슈트}$
④ 입상 시간(rise time)이란 응답이 희망값의 10[%]에서 90[%]까지 도달하는데 요하는 시간을 말한다.

【해설】
(1) 지연 시간(delay time) : 응답이 최초로 희망값의 50[%] 진행되는데 요하는 시간
(2) 상승 시간(rise time) : 응답이 희망값의 10[%]에서 90[%]까지 도달하는데 요하는 시간

[답] ②

03 특성 방정식의 근의 위치에 따른 응답 특성

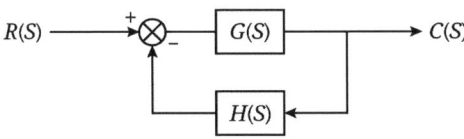

1) 특성 방정식

(1) 그림의 블록 선도에서의 전달 함수는,

- $\dfrac{C(s)}{R(s)} = \dfrac{G(s)}{1 + G(s)H(s)}$

(2) 위 전달 함수 식에서 분모를 0으로 놓은 값, 즉
- $1 + G(s)H(s) = 0$
  을 자동 제어계의 특성 방정식이라 한다.

2) 특성 방정식의 근의 위치와 응답

S 평면 상의 근의 위치	계단 응답
A B C 축 상 (×××)	C, B, A 곡선
좌반 평면 복소근 (××)	감쇠 진동
우반 평면 복소근 (××)	발산 진동
j축 상 복소근 (××)	지속 진동

(1) 자동 제어계가 안정하려면 특성 방정식의 근이 s 평면의 우반 평면에 존재하여서는 안 된다.
(2) 특성 방정식의 근이 j 축에서 좌반 평면으로 멀리 떨어져 있을수록 빨리 안정된다.

예제 3

s 평면(복소 평면)에서의 극점 배치가 다음과 같을 경우 이 시스템의 시간 영역에서의 동작은?

① 감쇠 진동을 한다.
② 점점 진동이 커진다.
③ 같은 진폭으로 계속 진동한다.
④ 진동하지 않는다.

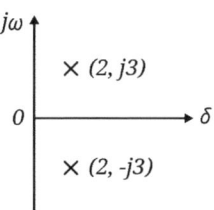

【해설】
(1) 좌반 평면에 근의 위치 존재 : 진동이 점점 감소하면서 안정 상태로 된다.
(2) 우반 평면에 근의 위치 존재 : 진동이 점점 증가하면서 불안정 상태로 된다.

[답] ②

04 영점 및 극점

1) 영점

$Z(s) = 0$이 되는 s의 값 (회로 단락 상태) : s 평면상에서 기호 ○로 표시

2) 극점

$Z(s) = \infty$이 되는 s의 값 (회로 개방 상태) : s 평면상에서 기호 ×로 표시

즉, $Z(s)$의 함수가 아래와 같을 때 이의 영점과 극점을 s 평면상에 표시해보면

- $Z(s) = \dfrac{(s+1)(s+2)}{(s+3)(s+4)}$

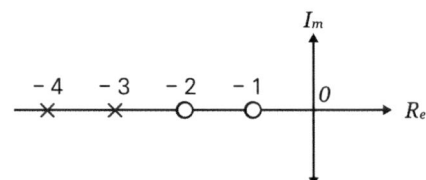

예제 4

그림과 같은 유한 영역에서 극, 영점 분포를 가진 2단자 회로망의 구동점 임피던스는?
(단, 환산 계수는 H라 한다.)

① $\dfrac{Hs(s+b)}{(s+a)}$

② $\dfrac{Hs(s+a)}{s(s+b)}$

③ $\dfrac{s(s+b)}{H(s+a)}$

④ $\dfrac{s+a}{Hs(s+b)}$

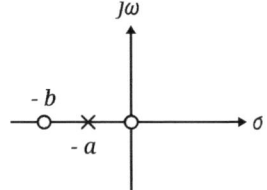

【해설】
주어진 s 평면에서 영점은 $0, -b$, 극점은 $-a$이므로, 임피던스 함수 $Z(s)$는,

$Z(s) = \dfrac{s(s+b)}{s+a} \times H$

[답] ①

05 제동비에 따른 제어계의 과도 응답 특성

1) 2차 자동 제어계의 과도 응답

2차 제어계의 전달 함수는 다음과 같이 표현된다.

- $$\frac{C(s)}{R(s)} = \frac{\omega_n^2}{s^2 + 2\delta\omega_n s + \omega_n^2}$$

위 식에서, δ : 제동비(제동 계수), ω_n : 고유 주파수

2) 제동비 값에 따른 제어계의 과도 응답 특성

(1) $\delta < 1$: 부족 제동 (감쇠 진동)

(2) $\delta > 1$: 과 제동 (비 진동)

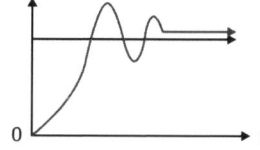
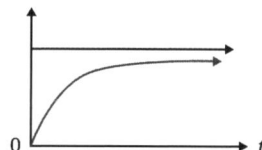

(3) $\delta = 1$: 임계 제동 (비 진동)

(4) $\delta = 0$: 무 제동 (무한 진동)

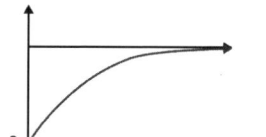
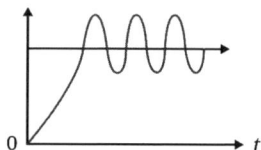

3) 제어계의 공진 주파수와 고유 주파수와의 관계

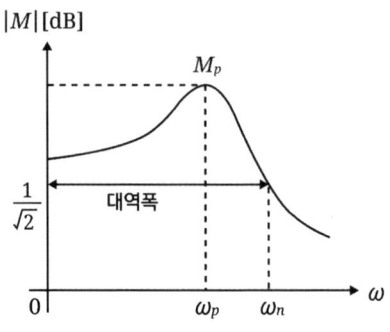

〈2차 제어계의 주파수 특성〉

(1) 제어계의 이득이 최대인 공진 주파수

- $\omega_p = \omega_n \sqrt{1 - 2\delta^2}$

  (ω_p : 공진 주파수, ω_n : 고유 주파수, δ : 제동비)

(2) 최대 오버슈트(공진 정점) 값

- $M_p = \dfrac{1}{2\delta \sqrt{1 - \delta^2}}$

(3) 최대 오버슈트(공진 정점) 발생 시간

- $t_p = \dfrac{\pi}{\omega_n \sqrt{1 - \delta^2}}$

(4) 대역폭

- $BW = \dfrac{1}{\sqrt{2}} M_p$ (공진 정점 값의 70.7[%])

예제 5

폐경로 전달 함수가 $\dfrac{\omega_n^2}{s^2 + 2\delta\omega_n s + \omega_n^2}$ 으로 주어진 단위 궤환계가 있다. $0 < \delta < 1$인 경우에 단위 계단 입력에 대한 응답은?

① 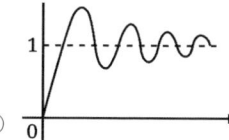   ②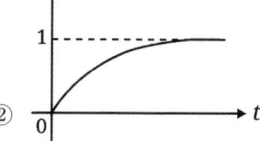

③ 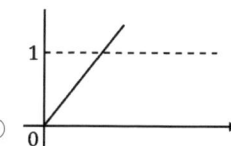   ④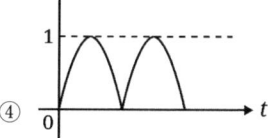

【해설】

(1) $\delta < 1$: 부족 제동 (감쇠 진동)   (2) $\delta > 1$: 과 제동 (비 진동)

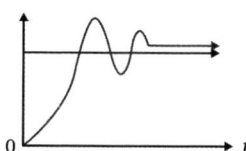   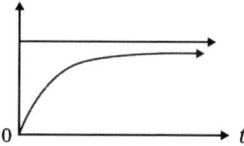

(3) $\delta = 1$: 임계 제동 (비 진동)   (4) $\delta = 0$: 무 제동 (무한 진동)

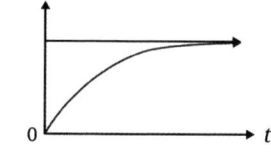   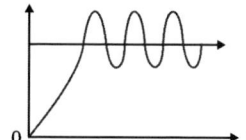

[답] ①

Chapter 05. 자동 제어의 과도 응답
적중실전문제

1. 오버슈트에 대한 설명 중 옳지 않은 것은?
① 자동 제어계의 정상 오차이다.
② 자동 제어계에 안정도의 척도가 된다.
③ 상대 오버슈트= $\dfrac{\text{최대 오버슈트}}{\text{최종의 희망값}} \times 100[\%]$
④ 계단 응답 중에 생기는 입력과 출력 사이의 최대 편차량이 최대 오버슈트이다.

해설 1
오버슈트(over-shoot)는 자동 제어계의 과도상태에서의 편차(오차)이다.

[답] ①

2. 과도 응답의 소멸되는 정도를 나타내는 감쇠비(decay ratio)는?
① 최대 오버슈트/제2 오버슈트
② 제3 오버슈트/제2 오버슈트
③ 제2 오버슈트/최대 오버슈트
④ 제2 오버슈트/제3 오버슈트

해설 2
감쇠비(제동비) : $\delta = \dfrac{\text{제2 오버슈트}}{\text{최대 오버슈트}}$

[답] ③

3. 응답이 최종값의 10[%]에서 90[%]까지 되는데 요하는 시간은?
① 상승 시간(rise time)
② 지연 시간(delay time)
③ 응답 시간(response time)
④ 정정 시간(settling time)

해설 3
(1) 지연 시간(delay time) : 응답이 최초로 희망값의 50[%] 진행되는데 요하는 시간
(2) 상승 시간(rise time) : 응답이 희망값의 10[%]에서 90[%]까지 도달하는데 요하는 시간

[답] ①

4. 응답이 최초로 희망값의 50[%] 까지 도달하는데 요하는 시간을 무엇이라고 하는가?
① 상승 시간(rise time) ② 지연 시간(delay time)
③ 응답 시간(response time) ④ 정정 시간(settling time)

해설 4
(1) 지연 시간(delay time) : 응답이 최초로 희망값의 50[%] 진행되는데 요하는 시간
(2) 상승 시간(rise time) : 응답이 희망값의 10[%]에서 90[%]까지 도달하는데 요하는 시간
[답] ②

5. 시간 영역에서 자동 제어계를 해석할 때 기본 시험 입력에 보통 사용되지 않는 입력은?
① 정속도 입력 ② 정현파 입력
③ 단위 계단 입력 ④ 정가속도 입력

해설 5
자동 제어계의 입력 종류
(1) 단위 임펄스 입력 (2) 단위 계단 입력 (3) 속도 입력 (4) 가속도 입력
[답] ②

6. 어떤 제어계에 입력 신호를 가하고 난 후 출력 신호가 정상 상태에 도달할 때까지의 응답을 무엇이라고 하는가?
① 시간 응답 ② 선형 응답
③ 정상 응답 ④ 과도 응답

해설 6
(1) 과도 응답 : 제어계에 입력을 가한 후, 시간이 초기 상태에서의 제어계의 출력 특성
(2) 정상 응답 : 제어계에 입력을 가한 후, 시간이 충분히 경과한 후 제어계의 출력 특성
[답] ④

7. 단위 계단 입력 신호에 대한 과도 응답을 무엇이라 하는가?

① 임펄스 응답 ② 인디셜 응답
③ 노멀 응답   ④ 램프 응답

해설 7
(1) 임펄스 응답 :
제어 장치의 입력에 단위 임펄스 함수 $R(s) = 1$을 가했을 때의 출력
(2) 인디셜 응답 :
제어 장치의 입력에 단위 계단 함수 $R(s) = \dfrac{1}{s}$을 가했을 때의 출력
(3) 경사 응답 :
제어 장치의 입력에 단위 램프 함수 $R(s) = \dfrac{1}{s^2}$을 가했을 때의 출력

[답] ②

8. 어떤 자동 제어 계통의 극이 그림과 같이 주어지는 경우 이 시스템의 시간 영역에서의 동작 특성을 나타낸 것은?

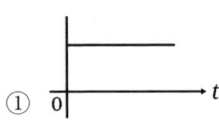

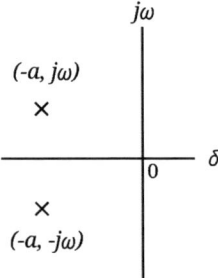

해설 8
극점의 위치가 좌반 평면에 있으므로 제어계의 동작 특성은 점점 감소하는 진동 특성으로 제어장치는 안정 상태로 된다.

[답] ②

9. 그림의 그래프에 있는 특성 방정식의 근의 위치는?

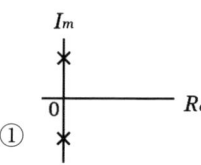 ①
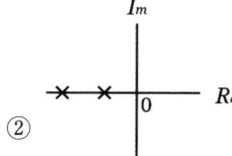 ②
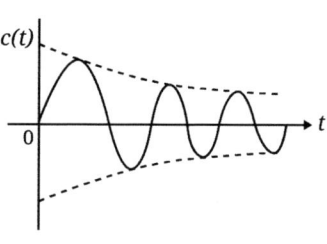

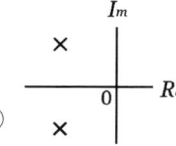
③   ④

| 해설 9 |
문제에 주어진 파형은 시간이 갈수록 점점 감소하는 특성이므로 극점의 위치가 좌반평면에 존재하여야 한다.

[답] ③

10. 회로망 함수의 라플라스 변환이 $I/s+a$로 주어지는 경우 이의 시간 영역에서 동작을 도시한 것 중 옳은 것은? (단, a는 정(正)의 상수이다.)

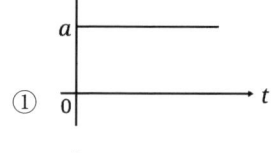 ①
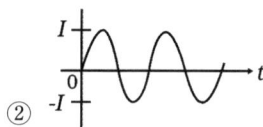 ②

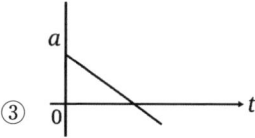 ③
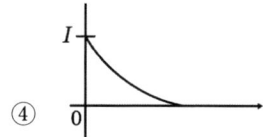 ④

| 해설 10 |
$F(s) = \dfrac{I}{s+a}$ ⇒ • $f(t) = Ie^{-at}$ 이므로 지수적으로 감소하는 파형이 출력으로 나타난다.

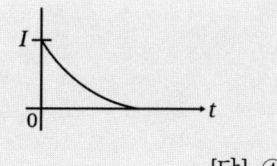

[답] ④

11. 그림과 같이 S 평면상에 A, B, C, D 4개의 근이 있을 때 이 중에서 가장 빨리 정상 상태에 도달하는 것은?

① A
② B
③ C
④ D

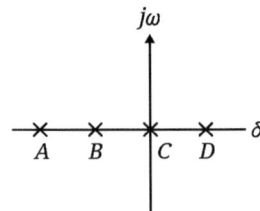

해설 11
제어계는 특성 방정식의 근의 위치가 s 평면상에서 좌반 평면 쪽에 허수부에서 멀리 위치할수록 빨리 안정된다.

[답] ①

12. 어떤 자동 제어 계통의 극이 s 평면에 그림과 같이 주어지는 경우 이 시스템의 시간 영역에서 동작 상태는?

① 진동하지 않는다.
② 감폭 진동한다.
③ 점점 더 크게 진동한다.
④ 지속 진동한다.

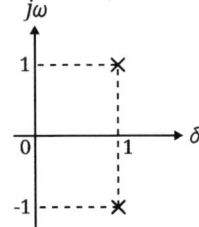

해설 12
극점이 우반 평면에 위치하므로 시간이 갈수록 점점 진동이 커지는 출력 특성으로 제어계는 불안정해진다.

[답] ③

13. 감쇠비 $h=0.4$, 고유 각 주파수 $\omega_n = 1[\text{rad/s}]$인 2차계의 전달 함수는?

① $\dfrac{1}{s^2+0.4s+1}$ ② $\dfrac{1}{s^2+0.8s+1}$

③ $\dfrac{1}{s^2+0.4s+0.16}$ ④ $\dfrac{0.16}{s^2+0.4s+1}$

해설 13

$$\dfrac{C(s)}{R(s)} = \dfrac{\omega_n^2}{s^2+2\delta\omega_n s+\omega_n^2} = \dfrac{1^2}{s^2+2\times 0.4\times 1 s+1^2} = \dfrac{1}{s^2+0.8s+1}$$

[답] ②

14. 전달 함수 $G(s) = \dfrac{1}{1+6j\omega+9(j\omega)^2}$ 의 고유 각 주파수는?

① 9 ② 3 ③ 1 ④ 0.33

해설 14

$$G(s) = \dfrac{1}{1+6j\omega+9(j\omega)^2} = \dfrac{1}{9s^2+6s+1} = \dfrac{\frac{1}{9}}{s^2+\frac{6}{9}s+\frac{1}{9}} = \dfrac{\omega_n^2}{s^2+2\delta\omega_n s+\omega_n^2}$$ 이므로,

고유 각 주파수는 $\omega_n^2 = \dfrac{1}{9}$ $\Rightarrow$ $\omega_n = \sqrt{\dfrac{1}{9}} = \dfrac{1}{3} = 0.33$

[답] ④

15. 2차 제어계에서 공진 주파수 ω_m와 고유 각 주파수 ω_n, 감쇠비 α 사이의 관계가 바른 것은?

① $\omega_m = \omega_n \sqrt{1-\alpha^2}$ ② $\omega_m = \omega_n \sqrt{1+\alpha^2}$
③ $\omega_m = \omega_n \sqrt{1-2\alpha^2}$ ④ $\omega_m = \omega_n \sqrt{1+2\alpha^2}$

해설 15

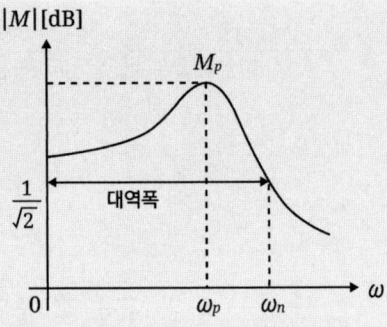

〈2차 제어계의 주파수 특성〉

(1) 제어계의 이득이 최대인 공진 주파수
- $\omega_p = \omega_n \sqrt{1-2\delta^2}$
  (ω_p : 공진 주파수, ω_n : 고유 주파수, δ : 제동비)

(2) 최대 오버슈트(공진 정점) 값
- $M_p = \dfrac{1}{2\delta\sqrt{1-\delta^2}}$

(3) 최대 오버슈트(공진 정점) 발생 시간
- $t_p = \dfrac{\pi}{\omega_n\sqrt{1-\delta^2}}$

(4) 대역폭
- $BW = \dfrac{1}{\sqrt{2}} M_p$ (공진 정점 값의 70.7[%])

[답] ③

16. 2차 제어계에서 최대 오버슈트가 발생하는 시간 t_p와 고유 주파수 ω_n, 감쇠 계수 δ 사이의 관계식은?

① $t_p = \dfrac{2\pi}{\omega_n \sqrt{1-\delta^2}}$ ② $t_p = \dfrac{2\pi}{\omega_n \sqrt{1+\delta^2}}$

③ $t_p = \dfrac{\pi}{\omega_n \sqrt{1-\delta^2}}$ ④ $t_p = \dfrac{\pi}{\omega_n \sqrt{1+\delta^2}}$

해설 16

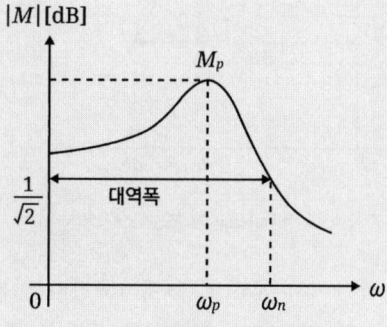

〈2차 제어계의 주파수 특성〉

(1) 제어계의 이득이 최대인 공진 주파수

- $\omega_p = \omega_n \sqrt{1-2\delta^2}$

(ω_p : 공진 주파수, ω_n : 고유 주파수, δ : 제동비)

(2) 최대 오버슈트(공진 정점) 값

- $M_p = \dfrac{1}{2\delta \sqrt{1-\delta^2}}$

(3) 최대 오버슈트(공진 정점) 발생 시간

- $t_p = \dfrac{\pi}{\omega_n \sqrt{1-\delta^2}}$

(4) 대역폭

- $BW = \dfrac{1}{\sqrt{2}} M_p$ (공진 정점 값의 70.7[%])

[답] ③

17. 분리도가 예리(sharp)해질수록 나타나는 현상은?

① 정상오차가 감소한다.　　② 응답 속도가 빨라진다.
③ M_p의 값이 감소한다.　　④ 제어계가 불안정하여진다.

해설 17

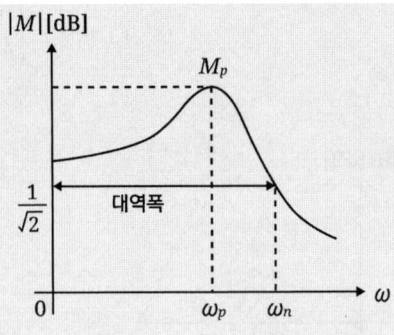

〈2차 제어계의 주파수 특성〉

2차 제어계의 주파수 특성 곡선에서 분리도가 예리해진다는 것은 공진 정점(M_p) 값이 더욱 커진다는 것으로서 그만큼 제어계가 불안정한 동작을 한다는 의미이다.

[답] ④

18. 폐 $loop$(루프) 전달 함수 $G(s) = \dfrac{\omega_n^2}{s^2 + 2\delta\omega_n s + \omega_n^2}$ 인 2차계에 대해서 공진 값 M_p는?

① $M_p = \omega_n\sqrt{1-2\delta^2}$　　　② $M_p = \dfrac{1}{2\delta\sqrt{1-\delta^2}}$

③ $M_p = \omega_n\sqrt{1-\delta^2}$　　　④ $M_p = \dfrac{1}{\sqrt{1-2\delta^2}}$

해설 18

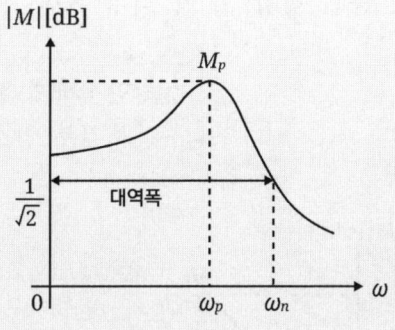

〈2차 제어계의 주파수 특성〉

(1) 제어계의 이득이 최대인 공진 주파수

- $\omega_p = \omega_n \sqrt{1-2\delta^2}$

  (ω_p : 공진 주파수, ω_n : 고유 주파수, δ : 제동비)

(2) 최대 오버슈트(공진 정점) 값

- $M_p = \dfrac{1}{2\delta\sqrt{1-\delta^2}}$

(3) 최대 오버슈트(공진 정점) 발생 시간

- $t_p = \dfrac{\pi}{\omega_n\sqrt{1-\delta^2}}$

(4) 대역폭

- $BW = \dfrac{1}{\sqrt{2}} M_p$ (공진 정점 값의 70.7[%])

[답] ②

19. 2차 제어계에 있어서 공진 정점 M_p가 너무 크면 제어계의 안정도는 어떻게 되는가?

① 불안정하게 된다. ② 안정하게 된다.
③ 불변이다. ④ 조건부 안정이 된다.

해설 19

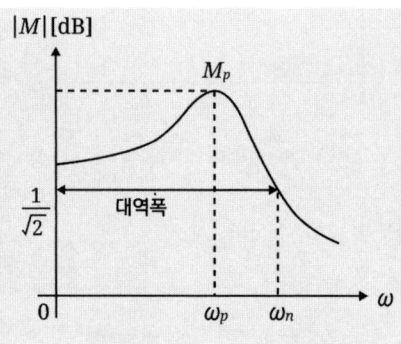

〈2차 제어계의 주파수 특성〉

(1) 2차 제어계의 주파수 특성 곡선에서 공진 정점(M_p) 값이 너무 커지게 되면 그만큼 제어계가 불안정한 동작 특성을 나타낸다.
(2) 제어계에서 가장 최상인 상태의 M_p 값은 1.1~1.5 정도이다.

[답] ①

20. 어떤 제어계의 전달 함수의 극점이 그림과 같다. 이 계의 고유 주파수 ω_n과 감쇠율 δ는?

① $\omega_n = \sqrt{2}$, $\delta = \sqrt{2}$
② $\omega_n = 2$, $\delta = \sqrt{2}$
③ $\omega_n = \sqrt{2}$, $\delta = \dfrac{1}{\sqrt{2}}$
④ $\omega_n = \dfrac{1}{\sqrt{2}}$, $\delta = \sqrt{2}$

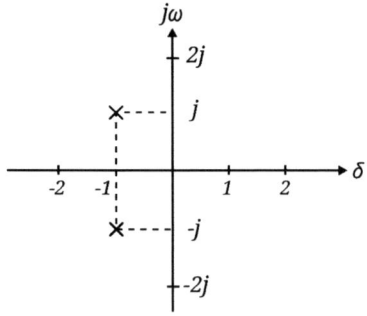

해설 20

(1) 우선, 문제에 주어진 s 평면에서 특성 방정식을 구하면,
$s = -1+j,\ -1-j\ \Rightarrow\ \cdot (s+1-j)(s=1+j) = 0$

(2) 또한, 위 특성 방정식을 이용하여 전달 함수를 구해보면,
$$G(s) = \frac{1}{(s+1-j)(s+1+j)} = \frac{1}{(s+1)^2+1} = \frac{k}{s^2+2s+2} = \frac{\omega_n^2}{s^2+2\delta\omega_n s+\omega_n^2}$$

(3) 따라서, 위 식을 이용하여 고유 주파수와 감쇠비를 구하면,
$\cdot\ \omega_n^2 = 2\ \Rightarrow\ \omega_n = \sqrt{2}$, $\quad\cdot\ 2 = 2\delta\omega_n\ \Rightarrow\ \delta = \frac{2}{2\times\omega_n} = \frac{2}{2\sqrt{2}} = \frac{1}{\sqrt{2}}$

[답] ③

---

21. 2차 제어계에 대한 설명 중 잘못된 것은?
① 제동 계수의 값이 작을수록 제동이 적게 걸려 있다.
② 제동 계수의 값이 1일 때 가장 알맞게 제동되어 있다.
③ 제동 계수의 값이 클수록 제동은 많이 걸려 있다.
④ 제동 계수의 값이 1일 때 임계 제동되었다고 한다.

해설 21

$\delta = 1$인 상태는 제어계가 임계 제동 상태인 경우로서 이때는 제어계의 특성이 일정한 특성을 나타내지 못하고 제어 장치의 조건에 따라 동작 특성이 변하므로 제어 장치는 매우 불안정해진다.

[답] ②

---

22. 2차 시스템의 감쇠율(damping ratio) δ가 $\delta < 1$이면 어떤 경우인가?
① 비 감쇠   ② 과 감쇠   ③ 부족 감쇠   ④ 발산

해설 22

(1) $\delta < 1$: 부족 제동 (감쇠 진동)
(2) $\delta > 1$: 과 제동 (비 진동)
(3) $\delta = 1$: 임계 제동 (비 진동)
(4) $\delta = 0$: 무 제동 (무한 진동)

[답] ③

★★★★★

23. 그림과 같은 궤환 제어계의 감쇠 계수(제동비)는?

① 1
② $\frac{1}{2}$
③ $\frac{1}{3}$
④ $\frac{1}{4}$

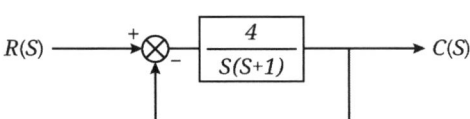

해설 23

$$G(s) = \frac{C(s)}{R(s)} = \frac{\frac{4}{s(s+1)}}{1-\left(-\frac{4}{s(s+1)}\right)} = \frac{\frac{4}{s(s+1)}}{1+\frac{4}{s(s+1)}} = \frac{4}{s^2+s+4} = \frac{\omega_n^2}{s^2+2\delta\omega_n s+\omega_n^2}$$

이므로, • $\omega_n^2 = 4 \Rightarrow \omega_n = \sqrt{4} = 2$, • $1 = 2\delta\omega_n \Rightarrow \delta = \frac{1}{2\omega_n} = \frac{1}{2\times 2} = \frac{1}{4}$

[답] ④

★★★★★

24. 단위 부궤환 계통에서 $G(s)$가 다음과 같을 때 $K=2$이면 무슨 제동인가?

① 무 제동
② 임계 제동
③ 과 제동
④ 부족 제동

$$G(s) = \frac{K}{s(s+2)}$$

해설 24

$$G(s) = \frac{K}{s(s+2)} = \frac{2}{s^2+2s} = \frac{\omega_n^2}{s^2+2\delta\omega_n s+\omega_n^2}$$ 이므로,

• $\omega_n^2 = 2 \Rightarrow \omega_n = \sqrt{2}$, • $2 = 2\delta\omega_n \Rightarrow \delta = \frac{1}{\omega_n} = \frac{1}{\sqrt{2}} = 0.707$

($\delta < 1$: 부족 제동)

[답] ④

25. 전달 함수 $G(j\omega) = \dfrac{1}{1+j\omega+(j\omega)^2}$ 인 요소의 인디셜 응답은?

① 뒤짐　　② 임계 진동　　③ 진동　　④ 비 진동

해설 25

$$G(j\omega) = \frac{1}{1+j\omega+(j\omega)^2} = \frac{1}{s^2+s+1} = \frac{\omega_n^2}{s^2+2\delta\omega_n s+\omega_n^2}$$ 이므로,

- $\omega_n^2 = 1 \Rightarrow \omega_n = 1$,　　• $1 = 2\delta\omega_n \Rightarrow \delta = \dfrac{1}{2\omega_n} = \dfrac{1}{2\times 1} = 0.5$

$\delta < 1$: 부족 제동으로서 감쇠 진동이다.

[답] ③

26. 다음 미분 방정식으로 표시되는 2차 계통에서 감쇠율(damping ratio) δ와 제동의 종류는?

$$\frac{d^2 y(t)}{dt^2} + 6\frac{dy(t)}{dt} + 9y(t) = 9x(t)$$

① $\delta = 0$: 무제동
② $\delta = 1$: 임계 제동
③ $\delta = 2$: 과제동
④ $\delta = 0.5$: 감쇠 제동 또는 부족 제동

해설 26

(1) 우선, 문제에 주어진 미분 방정식을 라플라스 변환하여,
　$s^2 Y(s) + 6s Y(s) + 9Y(s) = 9X(s)$

(2) 따라서, 위 식에서 전달 함수를 구해보면,
$$G(s) = \frac{Y(s)}{X(s)} = \frac{9}{s^2+6s+9} = \frac{\omega_n^2}{s^2+2\delta\omega_n s+\omega_n^2}$$

이므로, • $\omega_n^2 = 9 \Rightarrow \omega_n = \sqrt{9} = 3$,　　• $6 = 2\delta\omega_n \Rightarrow \delta = \dfrac{6}{2\omega_n} = \dfrac{6}{2\times 3} = 1$

$\delta = 1$ 이므로 임계 제동이다.

[답] ②

27. 전달 함수 $\dfrac{C(s)}{R(s)} = \dfrac{1}{4s^2 + 3s + 1}$ 인 제어계는 어느 경우인가?

① 과제동(over damped) ② 부족 제동(under damped)
③ 임계 제동(critical damped) ④ 무제동(undamped)

해설 27

$G(s) = \dfrac{1}{4s^2 + 3s + 1} = \dfrac{\frac{1}{4}}{s^2 + \frac{3}{4}s + \frac{1}{4}} = \dfrac{\omega_n^2}{s^2 + 2\delta\omega_n s + \omega_n^2}$ 이므로,

- $\omega_n^2 = \dfrac{1}{4} \Rightarrow \omega_n = \sqrt{\dfrac{1}{4}} = \dfrac{1}{2}$, $\cdot \dfrac{3}{4} = 2\delta\omega_n \Rightarrow \delta = \dfrac{\frac{3}{4}}{2\omega_n} = \dfrac{\frac{3}{4}}{2 \times \frac{1}{2}} = 0.75$

($\delta < 1$: 부족 제동)

[답] ②

28. 제동비가 1보다 점점 작아질 때 나타나는 현상은?

① 오버슈트가 점점 작아진다.
② 오버슈트가 점점 커진다.
③ 일정한 진폭을 가지고 무한히 진동한다.
④ 진동하지 않는다.

해설 28

(1) $\delta < 1$: 부족 제동 (감쇠 진동)
(2) $\delta > 1$: 과 제동 (비 진동) 이므로, 제동비 δ가 1보다 작아질수록 부족 제동되어 오버슈트가 점점 커진다.

[답] ②

Chapter 06

자동 제어의 편차와 감도

01. 자동 제어계의 정상 편차

02. 제어계의 형에 따른 편차

03. 제어 장치의 감도(Sensitivity)

- 적중실전문제

Chapter 06 자동 제어의 편차와 감도

01 자동 제어계의 정상 편차

1) 정상 편차의 정의
자동 제어계가 입력을 가한 뒤에, 시간이 오랫동안 경과($t \to \infty$) 후의 입력과 출력의 편차(오차 : Error)를 말한다.

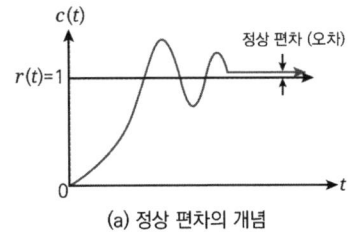

(a) 정상 편차의 개념

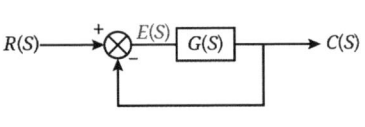

(b) 블록 선도에서의 편차

- $E(s) = R(s) - C(s) = R(s) - \dfrac{G(s)}{1+G(s)}R(s) = \dfrac{R(s)}{1+G(s)}$

- $e = \lim\limits_{t \to \infty} e(t) = \lim\limits_{s \to 0} s E(s) = \lim\limits_{s \to 0} s \dfrac{R(s)}{1+G(s)}$

2) 편차의 종류
(1) 위치 편차 : 제어계에 단위 계단 입력 $r(t) = u(t) = 1$을 가했을 때의 편차

(2) 속도 편차 : 제어계에 속도 입력 $r(t) = t$를 가했을 때의 편차

(3) 가속도 편차 : 제어계에 가속도 입력 $r(t) = \dfrac{1}{2}t^2$을 가했을 때의 편차

편차의 종류	입력	편차상수	편차
(1) 위치 편차	$r(t)=1$	$K_p = \lim\limits_{s \to 0} G(S)H(S)$	$e_p = \dfrac{1}{1+K_p}$
(2) 속도 편차	$r(t)=t$	$K_v = \lim\limits_{s \to 0} sG(S)H(S)$	$e_v = \dfrac{1}{K_v}$
(3) 가속도 편차	$r(t)=\dfrac{1}{2}t^2$	$K_a = \lim\limits_{s \to 0} s^2 G(S)H(S)$	$e_a = \dfrac{1}{K_a}$

예제 1

단위 피드백 제어계에서 개루프 전달 함수 $G(s)$가 다음과 같이 주어지는 계의 단위 계단 입력에 대한 정상 편차는?

① $\dfrac{1}{3}$ ② $\dfrac{1}{4}$

③ $\dfrac{1}{5}$ ④ $\dfrac{1}{6}$

$$G(s) = \dfrac{10}{(s+1)(s+2)}$$

【해설】

(1) 위치 편차 상수 : $K_p = \lim_{s \to 0} G(s) = \lim_{s \to 0} \dfrac{10}{(s+1)(s+2)} = 5$

(2) 위치 편차 : $e_p = \dfrac{1}{1+K_p} = \dfrac{1}{1+5} = \dfrac{1}{6}$

[답] ④

02 제어계의 형에 따른 편차

1) 제어계의 형태 분류

제어계의 형은 주어진 제어 장치의 피드백 요소 $G(s)H(s)$ 함수에서 분모 식의 괄호 밖의 차수와 같다. 즉,

(1) $G(s)H(s) = \dfrac{(s+1)}{(s+2)(s+3)}$:

분모의 괄호 밖의 차수가 $s^0 = 1$으로 0형 제어계

(2) $G(s)H(s) = \dfrac{(s+1)}{s(s+2)(s+3)}$:

분모의 괄호 밖의 차수가 s^1으로 1형 제어계

(3) $G(s)H(s) = \dfrac{(s+1)}{s^2(s+2)(s+3)}$:

분모의 괄호 밖의 차수가 s^2으로 2형 제어계

2) 제어계의 형에 따른 편차 값

(1) 0형 제어계 : 위치 편차 상수 $= K_p$, 위치 편차 $= \dfrac{1}{1+K_p}$

(2) 1형 제어계 : 속도 편차 상수 $= K_v$, 속도 편차 $= \dfrac{1}{K_v}$

(3) 2형 제어계 : 가속도 편차 상수 $= K_a$, 가속도 편차 $= \dfrac{1}{K_a}$

예제 2

단위 램프 입력에 대하여 속도 편차 상수가 유한한 값을 갖는 제어계는?

① 3 형　　　　② 2 형　　　　③ 1 형　　　　④ 0 형

【해설】
단위 램프 입력 = 속도 입력으로서, 속도 편차 상수를 의미한다. 따라서,

(1) $K_v = \lim\limits_{s \to 0} s\,G(s) = \lim\limits_{s \to 0} s \dfrac{10}{(s+1)(s+2)} = 0$

　　(0형 제어계에서는 속도 편차 상수가 0이다.)

(2) $K_v = \lim\limits_{s \to 0} s\,G(s) = \lim\limits_{s \to 0} s \dfrac{10}{s(s+1)(s+2)} = 5$

　　(1형 제어계에서는 속도 편차 상수가 5이다.)

(3) $K_v = \lim\limits_{s \to 0} s\,G(s) = \lim\limits_{s \to 0} s \dfrac{10}{s^2(s+1)(s+2)} = \infty$

　　(2형 제어계에서는 속도 편차 상수가 ∞이다.)

[답] ③

03 제어 장치의 감도(Sensitivity)

1) 제어 장치에서 미분 감도의 정의
   제어 장치가 허용 오차 범위 내에서 어느 정도의 동작 특성이 신속하고 정확한가를 판단하는 기준을 말한다.

2) 제어 장치에서 미분 감도 계산 방법

(1) 전달 함수
- $T = \dfrac{C(s)}{R(s)} = \dfrac{G(s)}{1 + G(s)H(s)}$

(2) 감도
- $S_K^T = \dfrac{K}{T} \times \dfrac{dT}{dK}$

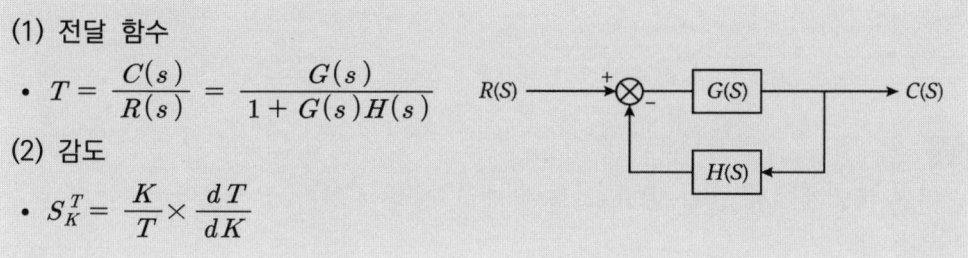

예제 3

다음 그림의 보안 계통에서 입력 변환기 K_1에 대한 계통의 전달 함수 T의 감도는 얼마인가?

① -1
② 0
③ 0.5
④ 1

【해설】

(1) 전달 함수 : $T = \dfrac{C(s)}{R(s)} = \dfrac{K_1 \times G}{1 - (-G \times K_2)} = \dfrac{K_1 G}{1 + K_2 G}$

(2) 감도 : $S_{K_1}^T = \dfrac{K_1}{T} \times \dfrac{T}{K_1} = \dfrac{K_1}{\dfrac{K_1 G}{1 + K_2 G}} \times \dfrac{d}{dK_1}\left(\dfrac{K_1 G}{1 + K_2 G}\right)$

$= \dfrac{1 + K_2 G}{G} \times \dfrac{G}{1 + K_2 G} = 1$

[답] ④

Chapter 06. 자동 제어의 편차와 감도

적중실전문제

★★★★★

1. $G(s)H(s) = \dfrac{K}{Ts+1}$ 일 때 이 계통은 어떤 형인가?

① 0형   ② 1형   ③ 2형   ④ 3형

> **해설 1**
>
> $G(s)H(s) = \dfrac{K}{Ts+1} = \dfrac{K}{s^0(Ts+1)}$ 이므로, 0형 제어계이다.
>
> [답] ①

★★★★★

2. 어떤 제어계에서 단위 계단 입력에 대한 정상 편차가 유한값이면 이 계는 무슨 형인가?

① 0형   ② 1형   ③ 2형   ④ 3형

> **해설 2**
>
> 단위 계단 입력이 제어계에 가해지면, 위치 편차를 알 수 있다.
> 따라서, $K_p = \lim_{s \to 0} G(s) = \lim_{s \to 0} \dfrac{10}{(s+1)(s+2)} = 5$, $e_p = \dfrac{1}{1+K_p} = \dfrac{1}{1+5} = \dfrac{1}{6}$ 로서 유한한 값을 갖는다. 즉, 단위 계단 입력에서는 0형 제어계이어야 한다.
>
> [답] ①

★★★★★

3. 단위 램프 입력에 대하여 속도 편차 상수가 유한한 값을 갖는 제어계는?

① 3형   ② 2형   ③ 1형   ④ 0형

> **해설 3**
>
> 단위 램프 입력 = 속도 입력으로서, 속도 편차 상수를 의미한다. 따라서,
>
> (1) $K_v = \lim_{s \to 0} sG(s) = \lim_{s \to 0} s \dfrac{10}{(s+1)(s+2)} = 0$
>   (0형 제어계에서는 속도 편차 상수가 0이다.)
>
> (2) $K_v = \lim_{s \to 0} sG(s) = \lim_{s \to 0} s \dfrac{10}{s(s+1)(s+2)} = 5$
>   (1형 제어계에서는 속도 편차 상수가 5이다.)
>
> (3) $K_v = \lim_{s \to 0} sG(s) = \lim_{s \to 0} s \dfrac{10}{s^2(s+1)(s+2)} = \infty$
>   (2형 제어계에서는 속도 편차 상수가 ∞이다.)
>
> [답] ③

4. 계단 오차 상수를 K_p라 할 때 1형 시스템의 계단 입력 $u(t)$에 대한 정상 상태 오차 e_{ss}는?

① 1   ② $\dfrac{1}{K_p}$ ③ 0   ④ ∞

해설 4

단위 계단 입력이 제어계에 가해지고 제어계는 1형 시스템이므로,

$K_p = \lim_{s \to 0} G(s) = \lim_{s \to 0} \dfrac{10}{s(s+1)(s+2)} = \infty$, $e_p = \dfrac{1}{1+K_p} = \dfrac{1}{1+\infty} = 0$

[답] ③

5. 제어 시스템의 정상 상태 오차에서 포물선 함수 입력에 의한 정상 상태 오차를 $K_s = \lim_{s \to 0} s^2 G(s)H(s)$로 표현된다. 이때 K_s를 무엇이라고 부르는가?

① 위치 오차 상수
② 속도 오차 상수
③ 가속도 오차 상수
④ 평면 오차 상수

해설 5

(1) 위치 편차 상수 : $K_p = \lim_{s \to 0} G(s)H(s)$

(2) 속도 편차 상수 : $K_v = \lim_{s \to 0} s G(s)H(s)$

(3) 가속도 편차 상수 : $K_a = \lim_{s \to 0} s^2 G(s)H(s)$

[답] ③

6. 그림의 블록 선도에서 $H = 0.1$이면 오차 $E[\text{V}]$는?

① -6
② 6
③ -40
④ 40

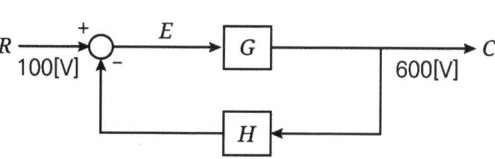

해설 6

$E = R - C \times H = 100 - 600 \times 0.1 = 40[\text{V}]$

[답] ④

7. 개루프 전달 함수 $G(s)$가 다음과 같이 주어지는 단위 피드백계에서 단위 속도 입력에 대한 정상 편차는?

① $\dfrac{1}{2}$ ② $\dfrac{1}{3}$

③ $\dfrac{1}{4}$ ④ $\dfrac{1}{5}$

$$G(s) = \frac{10}{s(s+1)(s+2)}$$

해설 7

단위 속도 입력이 제어계에 가해지면, 속도 편차를 알 수 있다.

따라서, $K_v = \lim_{s \to 0} s\, G(s) = \lim_{s \to 0} s\, \dfrac{10}{s(s+1)(s+2)} = 5$, $e_v = \dfrac{1}{K_v} = \dfrac{1}{5}$

[답] ④

8. 다음 그림과 같은 블록 선도의 제어 계통에서 속도편차 상수 K_v는 얼마인가?

① 2
② 0
③ 0.5
④ ∞

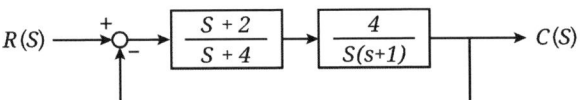

해설 8

$K_v = \lim_{s \to 0} s\, G(s) = \lim_{s \to 0} s\, \dfrac{4(s+2)}{s(s+1)(s+4)} = 2$

[답] ①

9. 개루프 전달 함수 $G(s)$가 다음과 같이 주어지는 단위 피드백계에서 단위 속도 입력에 대한 정상 편차는?

① 0
② $\dfrac{1}{2}$
③ 1
④ 2

$$G(s) = \frac{2(1+0.5s)}{s(1+s)(1+2s)}$$

해설 9

단위 속도 입력이 제어계에 가해지면, 속도 편차를 알 수 있다.

따라서, $K_v = \lim_{s \to 0} s\, G(s) = \lim_{s \to 0} s \dfrac{2(1+0.5s)}{s(1+s)(1+2s)} = 2$, $\quad e_v = \dfrac{1}{K_v} = \dfrac{1}{2}$

[답] ②

10. 그림과 같은 제어계에서 단위 계단 외란 D가 인가되었을 때 정상 편차는?

① 50
② 51
③ 1/50
④ 1/51

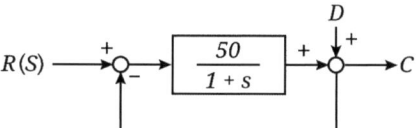

해설 10

$K_p = \lim_{s \to 0} G(s) = \lim_{s \to 0} \dfrac{50}{1+s} = 50$, $\quad e_p = \dfrac{1}{1+K_p} = \dfrac{1}{1+50} = \dfrac{1}{51}$

[답] ④

11. 개루프 전달 함수 $G(s) = \dfrac{1}{s(s^2+5s+6)}$ 인 단위 궤환계에서 단위 계단 입력을 가하였을 때의 잔류 편차(off set)는?

① 0   ② 1/6   ③ 6   ④ ∞

해설 11

$K_p = \lim_{s \to 0} G(s) = \lim_{s \to 0} \dfrac{1}{s(s^2+5s+6)} = \infty$, $\quad e_p = \dfrac{1}{1+K_p} = \dfrac{1}{1+\infty} = 0$

[답] ①

12. $G_{c1} = K$, $G_{c2}(s) = \dfrac{1+0.1s}{1+0.2s}$, $G_p(s) = \dfrac{200}{s(s+1)(s+2)}$ 인 그림과 같은 제어계에 단위 램프 입력을 가할 때 정상 편차가 0.01이라면 K의 값은?

① 0.1
② 1
③ 10
④ 100

해설 12

- $K_v = \lim\limits_{s \to 0} s\, G_{c1}(s) \times G_{c2}(s) \times G_p(s) = \lim\limits_{s \to 0} s\, \dfrac{K \times 200(1+0.1s)}{s(s+1)(s+2)(1+0.2s)} = 100K$

- $e_v = \dfrac{1}{K_v} = \dfrac{1}{100K} = 0.01 \;\Rightarrow\; \therefore K = \dfrac{1}{100 \times 0.01} = 1$

[답] ②

13. 그림과 같은 블록 선도의 제어계에서 K에 대한 폐루프 전달 함수 $T = \dfrac{C}{R}$의 감도는?

① $S_K^T = 1$
② $S_K^T = \dfrac{1}{1+KG}$
③ $S_K^T = \dfrac{G}{1+KG}$
④ $S_K^T = \dfrac{KG}{1+KG}$

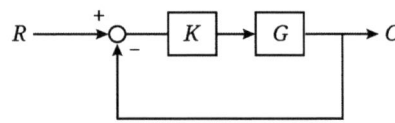

해설 13

(1) 전달 함수 : $T = \dfrac{C(s)}{R(s)} = \dfrac{K \times G}{1 - (-K \times G)} = \dfrac{KG}{1+KG}$

(2) 감도 : $S_K^T = \dfrac{K}{T} \times \dfrac{T}{K} = \dfrac{K}{\dfrac{KG}{1+KG}} \times \dfrac{d}{dK}\left(\dfrac{KG}{1+KG}\right)$

$= \dfrac{1+KG}{G} \times \dfrac{G \times (1+KG) - G \times KG}{(1+KG)^2} = \dfrac{1}{1+KG}$

[답] ②

14. 그림과 같은 블록 선도에서 폐루프 전달 함수 $T = \dfrac{C}{R}$ 에서 H에 대한 감도 S_H^T 는?

① $\dfrac{-GH}{1+GH}$ ② $\dfrac{-H}{(1+GH)^2}$

③ $\dfrac{H}{1+GH}$ ④ $\dfrac{-H}{1+GH}$

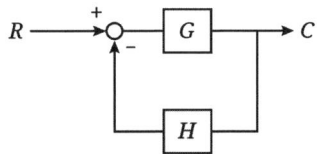

해설 14

(1) 전달 함수 : $T = \dfrac{C(s)}{R(s)} = \dfrac{G}{1-(-G \times H)} = \dfrac{G}{1+GH}$

(2) 감도 : $S_H^T = \dfrac{H}{T} \times \dfrac{T}{H} = \dfrac{H}{\dfrac{G}{1+GH}} \times \dfrac{d}{dH}\left(\dfrac{G}{1+GH}\right)$

$= \dfrac{H(1+GH)}{G} \times \dfrac{-G \times G}{(1+GH)^2} = \dfrac{-GH}{1+GH}$

[답] ①

MEMO

Chapter 07

자동 제어의 주파수 응답

01. 자동 제어계의 주파수 전달 함수

02. 보드 선도

- 적중실전문제

Chapter 07 자동 제어의 주파수 응답

01 자동 제어계의 주파수 전달 함수

1) 진폭비 및 위상차

(1) 전달 함수가 $G(s)$인 제어계에 주파수 ω인 정현파 신호를 가했을 때 출력 신호의 정상값은 입력과 같은 주파수의 정현파가 되며, 진폭은 $|G(j\omega)|$배가 되고, 위상은 $\angle G(j\omega)$만큼 벗어난다.

(2) 진폭비 $|G(j\omega)|$와 위상차 $\angle G(j\omega)$는 다음의 식으로 구한다.

① 진폭비
- $|G(s)| = \sqrt{a^2 + b^2}$

② 위상차
- $\angle G(j\omega) = \tan^{-1} \dfrac{b}{a}$

예제 1

$G(j\omega) = \dfrac{1}{1+j2T}$ 이고, $T=2[\sec]$일 때 크기 $|G(j\omega)|$와 위상 $\angle G(j\omega)$는 각각 얼마인가?

① 0.44, -36°
② 0.44, 36°
③ 0.24, -76°
④ 0.24, 76°

【해설】

(1) $G(j\omega) = \dfrac{1}{1+j4}$, $|G(j\omega)| = \dfrac{1}{\sqrt{1^2+4^2}} = 0.24$

(2) $\angle G(j\omega) = \dfrac{\angle 0°}{\angle \tan^{-1}\dfrac{4}{1}} = \dfrac{\angle 0°}{\angle 76°} = \angle -76°$

[답] ③

2) 벡터 궤적

(1) 주파수 ω가 0에서 ∞까지 변화할 때, $G(j\omega)$의 크기와 위상각의 변화를 극좌표에 그린 것을 벡터 궤적이라 한다.

(2) 비례 요소

- $G(s) = K$

비례 요소는 주파수의 변화와 관계없이 일정한 상수 K가 실수축 상에 점의 형태로 그려진다.

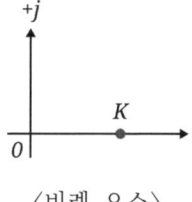

〈비례 요소〉

(3) 미분 요소

- $G(s) = s$

미분 요소 $G(j\omega) = j\omega$는 ω가 0에서 ∞까지 변화할 때 허수축 상에 위로 올라가는 직선으로 그려진다.

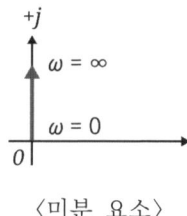

〈미분 요소〉

(4) 적분 요소

- $G(s) = \dfrac{1}{s}$

적분 요소 $G(j\omega) = \dfrac{1}{j\omega}$는 ω가 0에서 ∞까지 변화할 때 허수축 상 $-\infty$에서 0으로 올라가는 직선으로 그려진다.

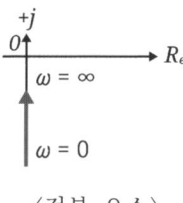

〈적분 요소〉

(5) 비례 미분 요소

- $G(s) = 1 + Ts$

비례 미분 요소 $G(j\omega) = 1 + j\omega T$는 ω가 0에서 ∞까지 변화할 때 $(1, j0)$인 점에서 위로 올라가는 직선으로 그려진다.

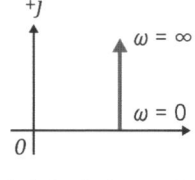

〈비례 미분 요소〉

(6) 1차 지연 요소

- $G(s) = \dfrac{1}{1+Ts}$

1차 지연 요소 $G(j\omega) = \dfrac{1}{1+j\omega T}$ 는 ω가 0에서 ∞까지 변화할 때 그림과 같이 반원 형태로 그려진다.

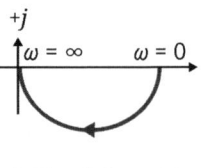

〈1차 지연 요소〉

예제 2

1차 지연 요소의 벡터 궤적은?

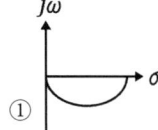 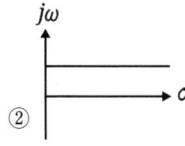 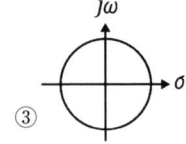 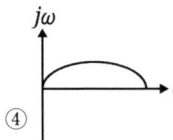

① ② ③ ④

【해설】

$G(j\omega) = \dfrac{1}{1+j\omega T}$ 에서,

(1) $\omega = 0$: $|G(j\omega)| = \dfrac{1}{1+j0} = 1$, $\angle G(j\omega) = \dfrac{\angle 0°}{\angle 0°} = \angle 0°$

(2) $\omega = \infty$: $|G(j\omega)| = \dfrac{1}{1+j\infty} = 0$, $\angle G(j\omega) = \dfrac{\angle 0°}{\angle 90°} = \angle -90°$ 이므로,

실수 축 1에서 출발하여 원점 -90°에서 끝나는 벡터 궤적으로 그려진다.

[답] ①

3) 제어계의 형에 따른 벡터 궤적

$G(s) = \dfrac{1}{s^k(s+a)(s+b)(s+c)}$

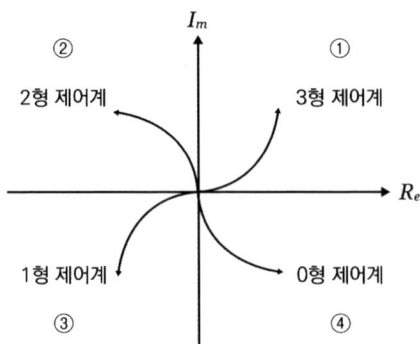

(1) $k=0$: 0형 제어계로서 4상한에 그려진다. (분모 괄호 항의 개수만큼 위치)
(2) $k=1$: 1형 제어계로서 3상한에 그려진다. (분모 괄호 항의 개수만큼 위치)
(3) $k=2$: 2형 제어계로서 2상한에 그려진다. (분모 괄호 항의 개수만큼 위치)

예제 3

$G(s) = \dfrac{K}{s(1+Ts)}$ 의 벡터 궤적은?

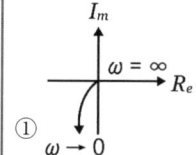 ①   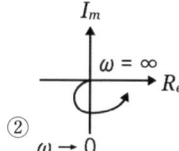 ②   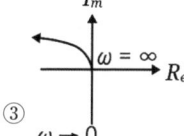 ③   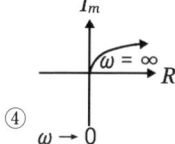 ④

【해설】
$G(s) = \dfrac{K}{s(1+Ts)}$ 는 1형 제어계이고, 분모의 괄호 항이 1개이므로 3상한에만 그려지는 벡터 궤적이 된다.

[답] ①

02 보드 선도

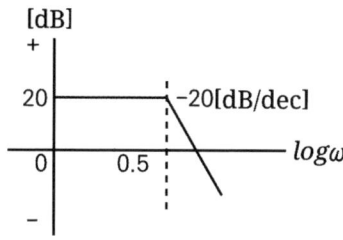

〈보드 선도의 예〉

1) 보드 선도의 정의
(1) 주파수 전달 함수를 이용하여 주파수 변화에 따른 제어 장치의 크기와 위상각을 가로축에는 주파수 ω 를, 세로축에는 이득 $|G(j\omega)|$ 로 하여 표시한 것이다.
(2) 보드 선도의 이득 여유 $g_m > 0$, 위상 여유 $\varnothing_m > 0$ 의 조건에서 제어 장치의 동작이 안정하다.

2) 보드 선도 작성 시 필요한 사항

(1) 이득
- $g = 20\log_{10}|G(s)|\ [\text{dB}]$

(2) 절점 주파수
- 보드 선도가 경사를 이루는 실수부와 허수부가 같아지는 주파수

(3) 경사
- $g = K\log_{10}\omega\ [\text{dB}]$ 에서, K 값이 보드 선도의 경사를 의미한다.

예제 4

$G(s) = s$ 의 보드선도는?
① $+20[\text{dB/dec}]$의 경사를 가지며 위상각 90°
② $-20[\text{dB/dec}]$의 경사를 가지며 위상각 -90°
③ $+40[\text{dB/dec}]$의 경사를 가지며 위상각 180°
④ $-40[\text{dB/dec}]$의 경사를 가지며 위상각 -180°

【해설】
$g = 20\log_{10}|j\omega| = 20\log_{10}\omega[\text{dB/dec}]$ 이므로, 경사는 $20[\text{dB/dec}]$,
위상은 $\angle G(j\omega) = \angle +90°$ 이다.

[답] ①

예제 5

$G(s) = \dfrac{1}{1+5s}$ 일 때 절점에서 절점 주파수 ω_0를 구하면?
① $0.1[\text{rad/s}]$ ② $0.5[\text{rad/s}]$
③ $0.2[\text{rad/s}]$ ④ $5[\text{rad/s}]$

【해설】
$G(j\omega) = \dfrac{1}{1+5j\omega}$ 에서, 절점 주파수는 실수부와 허수부 값이 같아지는 주파수이므로,
$1 = 5\omega \quad \Rightarrow \quad \omega = \dfrac{1}{5} = 0.2[\text{rad/s}]$

[답] ③

Chapter 07. 자동 제어의 주파수 응답
적중실전문제

1. 벡터 궤적의 임계점 $(-1, j0)$에 대응 하는 보드 선도 상의 점은 이득이 A[dB], 위상이 B되는 점이다. A, B에 알맞은 것은?

① $A = 0$[dB], $B = -180°$
② $A = 0$[dB], $B = 0°$
③ $A = 1$[dB], $B = -0°$
④ $A = 1$[dB], $B = 180°$

해설 1

(1) $G(j\omega) = -1 + j0$ 이므로, $|G(j\omega)| = \sqrt{(-1)^2 + 0^2} = 1$
(2) 이득 : $g = 20\log_{10}|G(j\omega)| = 20\log_{10}1 = 0$[dB]
(3) 위상 : $(-1, j0)$ 위치는 $\pm 180°$

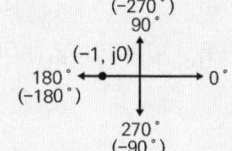

[답] ①

2. $G(j\omega) = 5j\omega$ 이고, $\omega = 0.02$ 일 때 이득[dB]은?

① 20 ② 10 ③ -20 ④ -10

해설 2

(1) $G(j\omega) = 5j\omega = j5 \times 0.02 = j0.1$ 이므로, $|G(j\omega)| = \sqrt{0.1^2} = 0.1 = 10^{-1}$
(2) 이득 : $g = 20\log_{10}|G(j\omega)| = 20\log_{10}10^{-1} = -20$[dB]

[답] ③

3. $G(s) = \dfrac{1}{1+sT}$ 에서 $\omega T = 10$ 일 때 $|G(j\omega)|$ 의 값[dB]은?

① 10 ② 20 ③ -10 ④ -20

해설 3

(1) $G(j\omega) = \dfrac{1}{1+j\omega T} = \dfrac{1}{1+j10}$ 이므로, $|G(j\omega)| = \dfrac{1}{\sqrt{1^2+10^2}} \fallingdotseq \dfrac{1}{10} = 10^{-1}$
(2) 이득 : $g = 20\log_{10}|G(j\omega)| = 20\log_{10}10^{-1} = -20$[dB]

[답] ④

4. $G(s) = \dfrac{1}{s(s+10)}$ 인 선형 제어계에서, $\omega = 0.1$ 일 때 주파수 전달 함수의 이득[dB]은?

① -20　　　② 0　　　③ 20　　　④ 40

해설 4

(1) $G(j\omega) = \dfrac{1}{j\omega(j\omega+10)} = \dfrac{1}{j0.1(j0.1+10)} = \dfrac{1}{-0.01+j1}$ 이므로,

　　$|G(j\omega)| = \dfrac{1}{\sqrt{(-0.01)^2 + 1^2}} \fallingdotseq 1$

(2) 이득 : $g = 20\log_{10}|G(j\omega)| = 20\log_{10}1 = 0[\text{dB}]$

[답] ②

5. $G(s) = \dfrac{1}{1+10s}$ 인 1차 지연 요소의 $G[\text{dB}]$는? (단, $\omega = 0.1[\text{rad/sec}]$ 이다.)

① 약 3　　　② 약 -3　　　③ 약 10　　　④ 약 20

해설 5

(1) $G(j\omega) = \dfrac{1}{1+j\omega10} = \dfrac{1}{1+j1}$ 이므로, $|G(j\omega)| = \dfrac{1}{\sqrt{1^2+1^2}} = \dfrac{1}{\sqrt{2}}$

(2) 이득 : $g = 20\log_{10}|G(j\omega)| = 20\log_{10}\dfrac{1}{\sqrt{2}} = -3[\text{dB}]$

[답] ②

6. 전달 함수 $G(s) = \dfrac{10}{(s+1)(s+2)}$ 으로 표시되는 제어 계통에서 직류 이득은 얼마인가?

① 1　　　② 2　　　③ 3　　　④ 5

해설 6

직류에서는 $\omega = 2\pi f = 0$ 이므로, $G(j\omega) = \dfrac{10}{(j\omega+1)(j\omega+2)} = 5$ 이다.

[답] ④

7. $G(s) = \dfrac{1}{1+5s}$ 일 때 절점에서 절점 주파수 ω_0를 구하면?

① 0.1[rad/s]   ② 0.5[rad/s]
③ 0.2[rad/s]   ④ 5[rad/s]

해설 7

$G(j\omega) = \dfrac{1}{1+5j\omega}$ 에서, 절점 주파수는 실수부와 허수부 값이 같아지는 주파수이므로,

$1 = 5\omega \Rightarrow \quad \bullet \; \omega = \dfrac{1}{5} = 0.2[\text{rad/s}]$

[답] ③

8. $G(j\omega) = \dfrac{1}{1+j10\omega}$ 로 주어지는 계의 절점 주파수는 몇 [rad/sec]인가?

① 0.1   ② 1   ③ 10   ④ 11

해설 8

$G(j\omega) = \dfrac{1}{1+j10\omega}$ 에서, 절점 주파수는 실수부와 허수부 값이 같아지는 주파수이므로,

$1 = 10\omega \Rightarrow \quad \bullet \; \omega = \dfrac{1}{10} = 0.1[\text{rad/s}]$

[답] ①

9. 1차 요소 $G(s) = \dfrac{1}{1+Ts}$ 인 제어계의 절점 주파수에서의 이득[dB]은?

① -2   ② -3   ③ -4   ④ -5

해설 9

(1) $G(j\omega) = \dfrac{1}{1+j\omega T}$ 에서 절점 주파수는 $1 = \omega T$ 이므로, $G(j\omega) = \dfrac{1}{1+j1}$

$\bullet \; |G(j\omega)| = \dfrac{1}{\sqrt{1^2+1^2}} = \dfrac{1}{\sqrt{2}}$

(2) 이득 :

$\bullet \; g = 20\log_{10}|G(j\omega)| = 20\log_{10}\dfrac{1}{\sqrt{2}} = -3[\text{dB}]$

[답] ②

10. 주파수 전달함수 $G(j\omega) = \dfrac{1}{j100\omega}$ 인 계에서 $\omega = 0.1$[rad/sec]일 때 이 계의 이득[dB] 및 위상각 θ[deg]는 얼마인가?

① -20[dB], $-90°$
② -40[dB], $-90°$
③ 20[dB], $-90°$
④ 40[dB], $-90°$

해설 10

(1) $G(j\omega) = \dfrac{1}{j100\omega} = \dfrac{1}{j100 \times 0.1} = \dfrac{1}{j10}$ 이므로, $|G(j\omega)| = \dfrac{1}{\sqrt{10^2}} = \dfrac{1}{10} = 10^{-1}$

(2) 이득 : $g = 20\log_{10}|G(j\omega)| = 20\log_{10}10^{-1} = -20$[dB]

(3) 위상각 : $\angle G(j\omega) = \dfrac{\angle 0°}{\angle 90°} = \angle -90°$

[답] ①

11. $G(j\omega) = \dfrac{1}{1+j2T}$ 이고 $T = 2$[sec]일 때 크기 $|G(j\omega)|$ 의 위상 $\angle G(j\omega)$는 각각 얼마인가?

① 0.44, -36°
② 0.44, 36°
③ 0.24, -76
④ 0.24, 76°

해설 11

(1) 크기 : $G(j\omega) = \dfrac{1}{1+j2T} = \dfrac{1}{1+j2\times 2} = \dfrac{1}{1+j4}$ 이므로,

$|G(j\omega)| = \dfrac{1}{\sqrt{1^2+4^2}} = 0.24$

(2) 위상각 : $\angle G(j\omega) = \dfrac{\angle 0°}{\angle \tan^{-1}\dfrac{4}{1}} = \dfrac{\angle 0°}{\angle 76°} = \angle -76°$

[답] ③

12. $G(j\omega) = 4j\omega^2$ 의 계의 이득이 0[dB]이 되는 각주파수는?

① 1　　② 0.5　　③ 4　　④ 2

해설 12

(1) $G(j\omega) = 4j\omega^2$에서, $|G(j\omega)| = 4\omega^2$이므로, $g = 20\log_{10}|G(j\omega)| = 20\log_{10}4\omega^2 = 0[\text{dB}]$

(2) 절점 주파수는, $4\omega^2 = 1 \Rightarrow \omega^2 = \dfrac{1}{4} \Rightarrow \therefore \omega = \sqrt{\dfrac{1}{4}} = \dfrac{1}{2} = 0.5$

[답] ②

13. $G(s) = \dfrac{K}{s(s+1)}$ 의 벡터 궤적은?

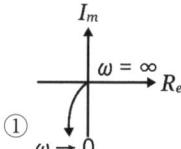 ① 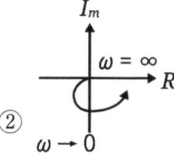 ② 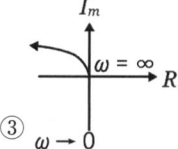 ③ 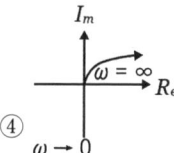 ④

해설 13

$G(s) = \dfrac{K}{s(s+1)}$ 는 1형 제어계이고, 분모의 괄호 항이 1개이므로 3상한에만 그려지는 벡터 궤적

[답] ①

14. 1차 지연 요소의 벡터 궤적은?

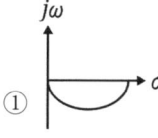 ① 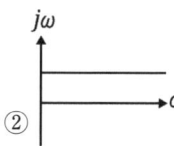 ② 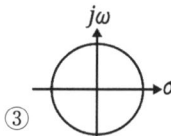 ③ 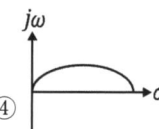 ④

해설 14

$G(j\omega) = \dfrac{1}{1+j\omega T}$ 에서,

(1) $\omega = 0 : |G(j\omega)| = \dfrac{1}{1+j0} = 1, \angle G(j\omega) = \dfrac{\angle 0°}{\angle 0°} = \angle 0°$

(2) $\omega = \infty : |G(j\omega)| = \dfrac{1}{1+j\infty} = 0, \angle G(j\omega) = \dfrac{\angle 0°}{\angle 90°} = \angle -90°$ 이므로,

실수 축 1에서 출발하여 원점 $-90°$에서 끝나는 벡터 궤적으로 그려진다.

[답] ①

15. $G(s) = \dfrac{K}{s(1+Ts)}$ 의 벡터 궤적은?

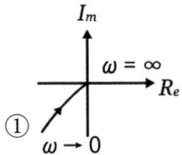 ① 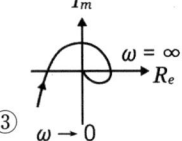 ② ③ 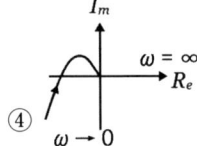 ④

해설 15

$G(s) = \dfrac{K}{s(1+Ts)}$ 는 1형 제어계이고, 분모의 괄호 항이 1개이므로 3상한에만 그려지는 벡터 궤적이 된다.

[답] ①

16. 그림과 같은 벡터 궤적을 갖는 계의 주파수 전달 함수는?

① $\dfrac{1}{j\omega+1}$

② $\dfrac{1}{j2\omega+1}$

③ $\dfrac{j\omega+1}{j2\omega+1}$

④ $\dfrac{j2\omega+1}{j\omega+1}$

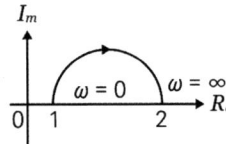

해설 16

위상각이 (+)이므로 분자가 분모보다 커야 한다.

- $\dfrac{j2\omega+1}{j\omega+1}$ 에서, ① $\omega=0 : G(j\omega)=1$, ② $\omega=\infty : G(j\omega) = \dfrac{j2+\dfrac{1}{\omega}}{j1+\dfrac{1}{\omega}} = 2$

[답] ④

17. 그림과 같은 벡터 궤적을 갖는 계의 주파수 전달 함수는?

① 비례 요소
② 1차 지연 요소
③ 부동작 시간 요소
④ 2차 지연 요소

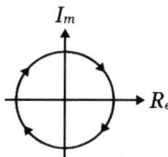

해설 17

(1) 크기 : $G(j\omega) = e^{-Ls} = e^{-j\omega L} = \cos\omega L - j\sin\omega L$ 이므로,
$|G(j\omega)| = \sqrt{(\cos\omega L)^2 + (\sin\omega L)^2} = 1$

(2) 위상각 : $\angle G(j\omega) = \tan^{-1}\left(\dfrac{-\sin\omega L}{\cos\omega L}\right) = \tan^{-1}(-\tan\omega L) = -\omega L$

[답] ③

18. $G(j\omega) = K(j\omega)^2$의 보드 선도는?

① -40[dB]의 경사를 가지며 위상각 -180°
② 40[dB]의 경사를 가지며 위상각 180°
③ -20[dB]의 경사를 가지며 위상각 -90°
④ 20[dB]의 경사를 가지며 위상각 0°

해설 18

$g = 20\log_{10}|K(j\omega)^2| = 20\log_{10}K\omega^2 = 20\log_{10}K + 40\log_{10}\omega$ [dB/dec]이므로,
경사는 40[dB/dec], 위상은 $\angle K(j\omega)^2 = \angle K\omega^2 j^2 = \pm 180°$ (+180°가 우선)

[답] ②

19. $G(j\omega) = K(j\omega)^3$의 보드 선도는?

① 20[dB]의 경사를 가지며 위상각 90°
② 40[dB]의 경사를 가지며 위상각 -90°
③ 60[dB]의 경사를 가지며 위상각 -90°
④ 60[dB]의 경사를 가지며 위상각 270°

해설 19

$g = 20\log_{10}|K(j\omega)^3| = 20\log_{10}K\omega^3 = 20\log_{10}K + 60\log_{10}\omega$ [dB/dec]이므로,
경사는 60[dB/dec], 위상은 $\angle K(j\omega)^2 = \angle K\omega^2 j^3 = +270°, -90°$ (+270°가 우선)

[답] ④

20. $G(s) = K/s$인 적분 요소의 보드 선도에서 이득 곡선의 1[decade]당 기울기는?

① 10[dB] ② 20[dB] ③ -10[dB] ④ -20[dB]

해설 20

$g = 20\log_{10}\left|\dfrac{K}{j\omega}\right| = 20\log_{10}\dfrac{K}{\omega} = 20\log_{10}K - 20\log_{10}\omega$ [dB/dec]이므로, 경사는 -20[dB/dec]

[답] ④

21. 어떤 계통의 보드 선도 중 이득 선도가 그림과 같을 때 이에 해당하는 계통의 전달 함수는?

① $\dfrac{20}{5s+1}$ ② $\dfrac{10}{2s+1}$

③ $\dfrac{10}{5s+1}$ ④ $\dfrac{20}{2s+1}$

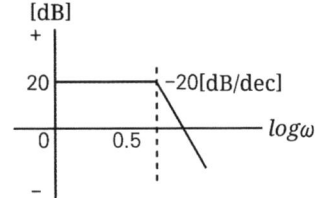

해설 21

(1) $G(j\omega) = \dfrac{K}{1+j\omega T}$ 에서, 절점 주파수는,

$1 = \omega T \Rightarrow \cdot 1 = 0.5T \Rightarrow \therefore T = \dfrac{1}{0.5} = 2$

(2) $g = 20$[dB] $= 20\log_{10}|K|_{\omega=0} \Rightarrow \cdot K = 10$

(3) 따라서, 이에 알맞은 전달 함수는,

$\cdot G(j\omega) = \dfrac{K}{1+j\omega T} \Rightarrow \therefore G(s) = \dfrac{10}{1+2s}$

[답] ②

Chapter 08

제어계의 안정도 판정

01. 루드(Routh) 표에 의한 안정도 판정법

02. 나이퀴스트(Nyquist) 선도에 의한 안정도 판정

● 적중실전문제

Chapter 08 제어계의 안정도 판정

01 루드(Routh) 표에 의한 안정도 판정법

1) 제어계의 안정 조건

- 특성 방정식 : $a_0 s^4 + a_1 s^3 + a_2 s^2 + a_3 s + a_4 = 0$ 에서 제어계가 안정하기 위한 필수 조건은,
(1) 특성 방정식의 모든 계수의 부호가 같아야 한다.
(2) 특성 방정식의 모든 차수가 존재하여야 한다.
(3) 루드 표를 작성하여 제 1열의 부호 변화가 없어야 한다.
   (부호 변화 개수는 s 평면의 우반 평면에 존재하는 근의 수를 의미한다.)

예제 1

루드-훌비쯔 표를 작성할 때 제 1열 요소의 부호 변환은 무엇을 의미하는가?
① s 평면의 좌반면에 존재하는 근의 수
② s 평면의 우반면에 존재하는 근의 수
③ s 평면의 허수축에 존재하는 근의 수
④ s 평면의 원점에 존재하는 근의 수

【해설】
제 1열의 부호 변화는 s 평면의 우반면에 존재하는 근의 수를 의미하며, 제어계는 불안정

[답] ②

---

2) 루드 표 작성법 및 안정도 판정

(1) 특성 방정식 : $a_0 s^4 + a_1 s^3 + a_2 s^2 + a_3 s + a_4 = 0$ 에서 루드 표를 작성해보면,

	제 1열	제 2열	제 3열
s^4	a_0	a_2	a_4
s^3	a_1	a_3	0
s^2	$A = \dfrac{a_1 \times a_2 - a_0 \times a_3}{a_1}$	$B = \dfrac{a_1 \times a_4 - a_0 \times 0}{a_1}$	0
s^1	$C = \dfrac{A \times a_3 - a_1 \times B}{a_1}$	$D = \dfrac{A \times 0 - a_1 \times 0}{A}$	0
s^0	$E = \dfrac{C \times B - A \times D}{C}$	$E = \dfrac{C \times 0 - A \times 0}{C}$	0

(2) 위 표에서 제 1열의 결과들이 부호가 모두 (+)로 되어 부호 변화가 없어야 제어계는 안정하다. (부호 변화가 1번이라도 발생하면 제어계는 불안정)

예제 2

$2s^3 + 5s^2 + 3s + 1 = 0$으로 주어진 계의 안정도를 판정하고 우반 평면상의 근을 구하면?
① 임계 상태이며 허축상에 근이 2개 존재한다.
② 안정하고 우반 평면에 근이 없다.
③ 불안정하며 우반 평면상에 근이 2개이다.
④ 불안정하며 우반 평면상에 근이 1개이다.

【해설】

	제 1열	제 2열	제 3열
s^3	2	3	0
s^2	5	1	0
s^1	$\dfrac{5 \times 3 - 2 \times 1}{5} = 2.6$	$\dfrac{5 \times 0 - 2 \times 0}{5} = 0$	0
s^0	$\dfrac{2.6 \times 1 - 5 \times 0}{2.6} = 1$	$\dfrac{2.6 \times 0 - 5 \times 0}{2.6} = 0$	0

에서, 제 1열의 부호가 모두 (+)이므로 부호 변화가 없어 안정

[답] ②

---

02 나이퀴스트(Nyquist) 선도에 의한 안정도 판정

1) 루드 표에 의한 안정도 판정은 제어계의 안정, 불안정을 판정하는 것은 편리하지만 제어계의 안정도에 대한 자세한 특성에 대해서는 제공하지 않는다.

2) 나이퀴스트에 의한 안정도 판정은 다음과 같은 특징이 있다.
   (1) 제어계의 안정도에 관하여 루드-훌비쯔 판정법과 같은 정보를 제공한다.
   (2) 제어 시스템의 안정도를 개선할 수 있는 방법을 제시한다.
   (3) 제어 시스템의 주파수 영역 응답에 대한 정보를 제공한다.

3) 나이퀴스트 선도에서 안정도 판정 방법

(1) 나이퀴스트 선도의 경로가 시계 방향인 경우

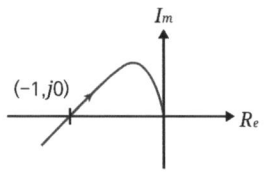
(a) 임계 상태

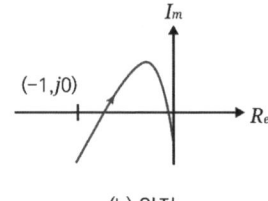
(b) 안정

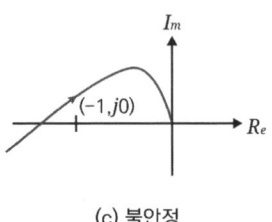
(c) 불안정

(2) 나이퀴스트 선도의 경로가 반시계 방향인 경우

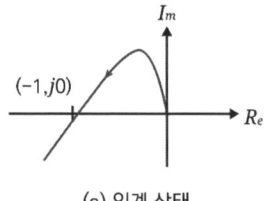
(a) 임계 상태

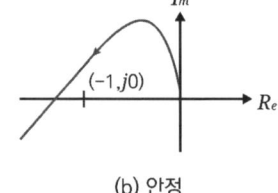
(b) 안정

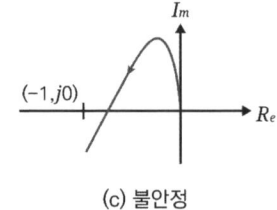
(c) 불안정

예제 3

피드백 제어계의 전 주파수 응답 $G(j\omega)H(j\omega)$의 나이퀴스트 벡터도에서 시스템이 안정한 궤적은?

① a
② b
③ c
④ d

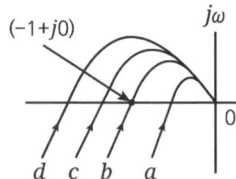

【해설】
(1) a 궤적 : 안정
(2) b 궤적 : 임계 상태
(3) c, d 궤적 : 불안정

[답] ①

4) 나이퀴스트 선도의 이득 여유 및 위상 여유

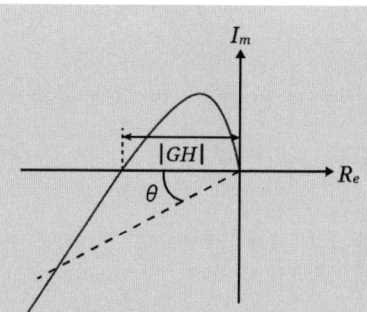

(1) 이득 여유 (GM : Gain Margin)
- 나이퀴스트 선도에서 임계점을 기준으로 안정한 영역의 크기 여유
- $GM = 20\log_{10}\left|\dfrac{1}{GH}\right|$ [dB] $= -20\log_{10}|GH|$ [dB]

(2) 위상 여유 (PM : Phase Margin)
- 나이퀴스트 선도에서 임계각을 기준으로 안정한 영역의 위상 여유

(3) 제어계가 안정하기 위한 여유도 범위
- $GM = 4 \sim 12$ [dB]
- $PM = 30 \sim 60°$

예제 4

$GH(j\omega) = \dfrac{10}{(j\omega+1)(j\omega+T)}$ 에서 이득 여유를 20[dB]보다 크게 하기 위한 T의 범위는?

① $T > 0$ ② $T > 10$ ③ $T < 0$ ④ $T > 100$

【해설】

$|G(s)H(s)| = \left|\dfrac{10}{(j\omega+1)(j\omega+T)}\right|_{j=0} = \dfrac{10}{T}$ 이므로,

GM[dB] $= 20\log_{10}\left|\dfrac{1}{GH}\right| = 20\log_{10}\dfrac{T}{10} > 20$[dB]에서, $\dfrac{T}{10} > 10$ 이면 된다.

따라서, • $T > 100$ 이면 이득 여유가 20[dB]보다 커진다.

[답] ④

Chapter 08. 제어계의 안정도 판정

적중실전문제

1. 특성 방정식의 근이 모두 복소 s 평면의 좌반부에 있으면 이 계의 안정 여부는?

① 조건부 안정 ② 불안정 ③ 임계 안정 ④ 안정

> **해설 1**
> (1) 자동 제어계가 안정하려면 특성 방정식의 근이 s 평면의 우반 평면에 존재하여서는 안 된다.
> (2) 특성 방정식의 근이 j 축에서 좌반 평면으로 멀리 떨어져 있을수록 빨리 안정된다.
>
> [답] ④

2. 특성 방정식이 $s^5 + 4s^4 - 3s^3 + 6s + k = 0$으로 주어진 제어계의 안정성은?

① $k = -2$ ② 절대 불안정 ③ $k = -3$ ④ $k > 0$

> **해설 2**
> 제어계가 안정하기 위한 필수 조건은,
> (1) 특성 방정식의 모든 계수의 부호가 같아야 한다.
> (2) 특성 방정식의 모든 차수가 존재하여야 한다.
>
> [답] ②

3. -1, -5에 극을 1과 -2에 영점을 가지는 계가 있다. 이 계의 안정 판별은?

① 불안정하다. ② 임계 상태이다.
③ 안정하다. ④ 알 수 없다.

> **해설 3**
> 제어계가 안정하기 위해서는 극점의 위치가 좌반 평면, 즉 모두 (-) 값을 가져야 한다.
> 따라서, 극점이 -1과 -5에 있으므로 안정하다.
> (제어계의 안정도 판정에 영점의 위치는 관계없다.)
>
> [답] ③

4. 개루프 전달 함수 $G(s) = \dfrac{(s+2)}{(s+1)(s+3)}$ 인 부궤환 제어계의 특성 방정식은?

① $s^2 + 5s + 5 = 0$ ② $s^2 + 5s + 6 = 0$
③ $s^2 + 6s + 5 = 0$ ④ $s^2 + 4s + 3 = 0$

해설 4

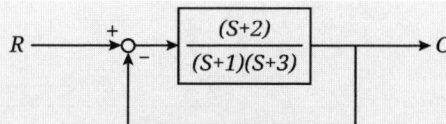

(1) 부궤환 제어계의 전달 함수를 구하면,

$$\dfrac{C(s)}{R(s)} = \dfrac{\dfrac{(s+2)}{(s+1)(s+3)}}{1 + \dfrac{(s+2)}{(s+1)(s+3)}} = \dfrac{s+2}{(s+1)(s+3) + s + 2}$$

(2) 특성 방정식은 전달 함수의 분모가 0이 되는 값이므로,

$(s+1)(s+3) + s + 2 = s^2 + 5s + 5 = 0$

[답] ①

5. 특성 방정식이 $s^3 + 2s^2 + 3s + 4 = 0$일 때 이 계통은?

① 안정하다. ② 불안정하다.
③ 조건부 안정 ④ 알 수 없다.

해설 5

	제 1열	제 2열	제 3열
s^3	1	3	0
s^2	2	4	0
s^1	$\dfrac{2 \times 3 - 1 \times 4}{2} = 1$	$\dfrac{2 \times 0 - 1 \times 0}{2} = 0$	0
s^0	$\dfrac{1 \times 4 - 2 \times 0}{1} = 4$	$\dfrac{1 \times 0 - 2 \times 0}{1} = 0$	0

에서, 제 1열의 부호가 모두 (+)이므로 부호 변화가 없어 안정

[답] ①

6. 특성 방정식이 $s^4+2s^3+s^2+4s+2=0$일 때 이 계통의 안정도를 판별하면?
 ① 불안정   ② 안정   ③ 임계 안정   ④ 조건부 안정

해설 6

	제 1열	제 2열	제 3열
s^4	1	1	2
s^3	2	4	0
s^2	$\dfrac{2\times1-1\times4}{2}=-1$	$\dfrac{2\times2-1\times0}{2}=2$	0
s^1	$\dfrac{-1\times4-2\times2}{-1}=8$	$\dfrac{-1\times0-2\times0}{-1}=0$	0
s^0	$\dfrac{8\times2+1\times0}{8}=2$	$\dfrac{8\times0+1\times0}{8}=0$	0

에서, 제 1열의 부호 변화가 2번 일어났으므로 우반 평면에 근의 수가 2개 존재하여 불안정

[답] ①

7. 특성 방정식이 $s^3+s^2+s=0$일 때 이 계통은?
 ① 안정하다.   ② 불안정하다.
 ③ 조건부 안정이다.   ④ 임계 상태이다.

해설 7

	제 1열	제 2열	제 3열
s^3	1	1	0
s^2	1	0	0
s^1	$\dfrac{1\times1-1\times0}{1}=1$	$\dfrac{1\times0-1\times0}{1}=0$	0
s^0	$\dfrac{1\times0-1\times0}{1}=0$	$\dfrac{1\times0-1\times0}{1}=0$	0

에서, 제 1열의 부호 변화는 없으나, 0이 포함되어 있으므로 임계 상태이다.

[답] ④

8. 다음 특성 방정식 중 안정될 필요 조건을 갖춘 것은?

① $s^4 + 3s^3 + 10s + 10 = 0$
② $s^3 + s^2 - 5s + 10 = 0$
③ $s^3 + 2s^2 + 4s - 1 = 0$
④ $s^3 + 9s^2 + 20s + 12 = 0$

해설 8
제어계가 안정하기 위한 필수 조건은,
(1) 특성 방정식의 모든 계수의 부호가 같아야 한다.
(2) 특성 방정식의 모든 차수가 존재하여야 한다.

답] ④

9. 특성 방정식이 $Ks^3 + 2s^2 - s + 5 = 0$인 제어계가 안정하기 위한 K의 값을 구하면?

① $K < 0$
② $K < -\dfrac{2}{5}$
③ $K > \dfrac{2}{5}$
④ 안정한 값이 없다.

해설 9
제어계가 안정하기 위한 필수 조건은,
(1) 특성 방정식의 모든 계수의 부호가 같아야 한다.
(2) 특성 방정식의 모든 차수가 존재하여야 한다.
따라서, K의 값에 상관없이 (-) 값이 포함되어 있으므로 절대 불안정이다.

[답] ④

10. 특성 방정식 $s^3 - 4s^2 - 5s + 6 = 0$ 로 주어지는 계는 안정한가? 또는 불안정한가? 또 우반 평면에 근을 몇 개 가지는가?

① 안정하다, 0개 ② 불안정하다, 1개
③ 불안정하다, 2개 ④ 임계 상태이다, 0개

해설 10

	제 1열	제 2열	제 3열
s^3	1	-5	0
s^2	-4	6	0
s^1	$\dfrac{-4 \times (-5) - 1 \times 6}{-4} = -3.5$	$\dfrac{-4 \times 0 - 1 \times 0}{-4} = 0$	0
s^0	$\dfrac{-3.5 \times 6 - 4 \times 0}{-3.5} = 6$	$\dfrac{-3.5 \times 0 - 4 \times 0}{-3.5} = 0$	0

에서, 제 1열의 부호 변화가 2번 일어났으므로 불안정이고, 우반 평면에 근의 수가 2개 존재

[답] ③

11. 특성 방정식 $2s^4 + s^3 + 3s^2 + 5s + 10 = 0$ 일 때 s 평면의 오른쪽 평면에 몇 개의 근을 갖게 되는가?

① 1 ② 2 ③ 3 ④ 0

해설 11

	제 1열	제 2열	제 3열
s^4	2	3	10
s^3	1	5	0
s^2	$\dfrac{1 \times 3 - 2 \times 5}{1} = -7$	$\dfrac{1 \times 10 - 2 \times 0}{1} = 10$	0
s^1	$\dfrac{-7 \times 5 - 1 \times 10}{-7} = 6.43$	$\dfrac{-7 \times 0 - 1 \times 0}{-7} = 0$	0
s^0	$\dfrac{6.43 \times 10 + 7 \times 0}{6.43} = 10$	$\dfrac{6.43 \times 0 + 7 \times 0}{6.43} = 0$	0

에서, 제 1열의 부호 변화가 2번 일어났으므로 불안정이고, 우반 평면에 근의 수가 2개 존재

[답] ②

12. $s^3 + 11s^2 + 2s + 40 = 0$에는 양의 실수부를 갖는 근은 몇 개 있는가?

① 0   ② 1   ③ 2   ④ 3

해설 12

	제 1열	제 2열	제 3열
s^3	1	2	0
s^2	11	40	0
s^1	$\dfrac{11 \times 2 - 1 \times 40}{11} = -1.64$	$\dfrac{11 \times 0 - 1 \times 0}{11} = 0$	0
s^0	$\dfrac{-1.64 \times 40 - 11 \times 0}{-1.64} = 40$	$\dfrac{-1.64 \times 0 - 4 \times 0}{-1.64} = 0$	0

에서, 제 1열의 부호 변화가 2번 일어났으므로 불안정이고, 우반 평면에 근의 수가 2개 존재

[답] ③

13. 특성 방정식 $s^2 + Ks + 2K - 1 = 0$인 계가 안정될 K의 범위는?

① $K > 0$ ② $K > \dfrac{1}{2}$

③ $K < \dfrac{1}{2}$ ④ $0 < K < \dfrac{1}{2}$

해설 13

	제 1열	제 2열	제 3열
s^2	1	$2K-1$	0
s^1	K	0	0
s^0	$\dfrac{K \times (2K-1) - 1 \times 0}{K} = 2K-1$	$\dfrac{K \times 0 - 1 \times 0}{K} = 0$	0

제 1열의 부호 변화가 없어야 제어계는 안정하므로, $K > 0$이면서 $2K - 1 > 0$이면 되므로 $K > \dfrac{1}{2}$이면 된다.

[답] ②

14. 다음 그림과 같은 제어계가 안정하기 위한 K의 범위는?

① $0 < K < 6$
② $1 < K < 5$
③ $-1 < K < 6$
④ $-1 < K < 5$

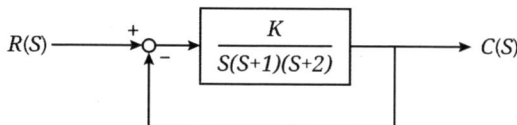

해설 14

(1) 특성 방정식은 문제에 주어진 블록 선도의 요소에서 분모+분자=0에 의해서 구할 수 있으므로, · $s(s+1)(s+2) + K = s^3 + 3s^2 + 2s + K = 0$

(2)

	제 1열	제 2열	제 3열
s^3	1	2	0
s^2	3	K	0
s^1	$\dfrac{3 \times 2 - 1 \times K}{3} = \dfrac{6-K}{3}$	$\dfrac{3 \times 0 - 1 \times 0}{3} = 0$	0
s^0	$\dfrac{\dfrac{6-K}{3} \times K - 3 \times 0}{\dfrac{6-K}{3}} = K$	$\dfrac{\dfrac{6-K}{3} \times 0 - 3 \times 0}{\dfrac{6-K}{3}} = 0$	0

따라서, 제어계가 안정할 K의 범위는 루드 표를 이용하여, 제 1열의 부호 변화가 없어야 제어계는 안정하므로, $K>0$이면서 $\dfrac{6-K}{3} > 0$이면 되므로 $K<6$이면 된다. 즉, · $0 < K < 6$의 범위가 제어계 안정 조건이다.

[답] ①

15. 특성 방정식 $s^4 + 6s^3 + 11s^2 + 6s + K = 0$이다. 안정하기 위한 K의 범위는?

① $K<0, K>20$
② $0 < K < 20$
③ $0 < K < 10$
④ $K < 20$

해설 15

	제 1열	제 2열	제 3열
s^4	1	11	K
s^3	6	6	0
s^2	$\dfrac{6 \times 11 - 1 \times 6}{6} = 10$	$\dfrac{6 \times K - 1 \times 0}{6} = K$	0
s^1	$\dfrac{10 \times 6 - 6 \times K}{10} = \dfrac{60 - 6K}{10}$	$\dfrac{10 \times 0 - 6 \times 0}{10} = 0$	0
s^0	$\dfrac{\dfrac{60-6K}{10} \times K + 10 \times 0}{\dfrac{60-6K}{10}} = K$	$\dfrac{\dfrac{60-6K}{10} \times 0 + 10 \times 0}{\dfrac{60-6K}{10}} = 0$	0

제 1열의 부호 변화가 없어야 제어계는 안정하므로, $K > 0$ 이면서 $\dfrac{60-6K}{10} > 0$ 이면 되므로 $K < 10$ 이면 된다. 즉, • $0 < K < 10$ 의 범위가 제어계 안정 조건이다.

[답] ③

16. $G(s)H(s) = \dfrac{K(1+sT_2)}{s^2(1+sT_1)}$ 를 갖는 제어계의 안정 조건은?

(단, K, T_1, $T_2 > 0$)

① $T_2 = 0$ ② $T_1 > T_2$ ③ $T_1 = T_2$ ④ $T_1 < T_2$

해설 16

(1) 우선, 특성 방정식은 $s^2(1+sT_1) + K(1+sT_2) = T_1 s^3 + s^2 + KT_2 s + K = 0$

	제 1열	제 2열	제 3열
s^3	T_1	KT_2	0
s^2	1	K	0
s^1	$\dfrac{1 \times KT_2 - T_1 \times K}{1} = KT_2 - KT_1$	$\dfrac{1 \times 0 - T_1 \times 0}{1} = 0$	0
s^0	$\dfrac{(KT_2 - KT_1) \times K - 1 \times 0}{KT_2 - KT_1} = K$	$\dfrac{(KT_2 - KT_1) \times 0 - 3 \times 0}{KT_2 - KT_1} = 0$	0

(2) 따라서, 위의 특성 방정식을 이용하여 루드 표를 작성해보면, 제 1열의 부호 변화가 없어야 제어계는 안정하므로, $K > 0$ 이면서 $KT_2 - KT_1 > 0$ 이면 되므로 $T_1 < T_2$ 이면 된다.

[답] ④

17. 특성 방정식이 $s^4+2s^3+5s^2+4s+2=0$로 주어졌을 때 이것을 훌비쯔(Hurwitz)의 안정 조건으로 판별하면 이 계는?

① 안정　　② 불안정　　③ 조건부 안정　　④ 임계 상태

해설 17

	제 1열	제 2열	제 3열
s^4	1	5	2
s^3	2	4	0
s^2	$\dfrac{2\times 5-1\times 4}{2}=3$	$\dfrac{2\times 2-1\times 0}{2}=2$	0
s^1	$\dfrac{3\times 4-2\times 2}{3}=\dfrac{8}{3}$	$\dfrac{3\times 0-2\times 0}{3}=0$	0
s^0	$\dfrac{\dfrac{8}{3}\times 2+3\times 0}{\dfrac{8}{3}}=2$	$\dfrac{\dfrac{8}{3}\times 0+3\times 0}{\dfrac{8}{3}}=0$	0

루드 표에서 제 1열의 부호 변화가 없으므로 제어계는 안정이다.

[답] ①

18. 제어계의 종합 전달 함수 $G(s)=\dfrac{s}{(s-2)(s^2+4)}$ 에서 안정성을 판정하면 어느 것인가?

① 안정하다.　　② 불안정하다.
③ 알 수 없다.　　④ 임계 상태이다.

해설 18

문제에 주어진 전달 함수의 특성 방정식을 구하면,
$(s-2)(s^2+4)+s=s^3-2s^2+5s-8=0$이므로 특성 방정식의 계수의 부호 중에서 (-)가 포함되어 있으므로 불안정이다.

[답] ②

19. $G(s)H(s) = \dfrac{K_1}{(T_1s+1)(T_2s+1)}$ 의 개루프 전달 함수에 대한 Nyquist 안정도 판별의 설명 중 옳은 것은?

① K_1, T_1 및 T_2의 값에 관계없이 안정
② K_1, T_1 및 T_2의 모든 양의 값에 대하여 안정
③ K_1에 대하여 조건부 안정
④ T_1 및 T_2의 값에 대하여 조건부 안정

해설 19

문제에 주어진 전달 함수의 특성 방정식을 구하면,
$(T_1s+1)(T_2s+1)+K_1 = T_1T_2s^2+(T_1+T_2)s+K_1 = 0$ 이므로 K_1, T_1 및 T_2의 모든 양의 값에 대하여 안정

[답] ②

20. 특성방정식 $P(s)$가 다음과 같이 주어지는 계가 있다. 이 계가 안정되기 위해서는 K와 T 사이에는 어떤 관계가 있는가?
(단, K와 T는 정의 실수이다.)

$$P(s) = 2s^3 + 3s^2 + (1+5KT)s + 5K = 0$$

① $K > T$
② $15KT > 10K$
③ $3+15KT > 10K$
④ $3-15KT > 10K$

해설 20

	제 1열	제 2열	제 3열
s^3	2	$1+5KT$	0
s^2	3	$5K$	0
s^1	$\dfrac{3+15KT-10K}{3}$	$\dfrac{3 \times 0 - 2 \times 0}{3} = 0$	0
s^0	$5K$	0	0

제어계가 안정하기 위해서는
(1) $5K > 0$ ⇒ • $K > 0$
(2) $\dfrac{3+15KT-10K}{3} > 0$ ⇒ • $3+15KT > 10K$

[답] ③

21. Nyquist 판정법의 설명으로 틀린 것은?

① Nyquist 선도는 제어계의 오차 응답에 관한 정보를 준다.
② 계의 안정을 개선하는 방법에 대한 정보를 제시해 준다.
③ 안정성을 판정하는 동시에 안정도를 제시해 준다.
④ Routh-Hurwitz 판정법과 같이 계의 안정 여부를 직접 판정해 준다.

해설 21
나이퀴스트에 의한 안정도 판정의 특징
(1) 제어계의 안정도에 관하여 루드-홀비쯔 판정법과 같은 정보를 제공한다.
(2) 제어 시스템의 안정도를 개선할 수 있는 방법을 제시한다.
(3) 제어 시스템의 주파수 영역 응답에 대한 정보를 제공한다.

[답] ①

22. 2차 제어계 $G(s)H(s)$의 나이퀴스트 선도 특징이 아닌 것은?

① 부의 실축과 교차하지 않는다.
② 이득 여유는 ∞ 이다.
③ 교차량 $|GH|=0$ 이다.
④ 불안정한 제어계이다.

해설 22
나이퀴스트 선도 : 제어계의 모든 K 값에 대하여 안정이다.

[답] ④

23. $G(j\omega) = \dfrac{K}{j\omega(j\omega+1)}$ 의 나이퀴스트 선도를 도시한 것은? (단 $K > 0$ 이다.)

① 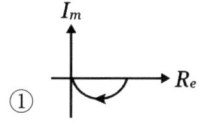   ②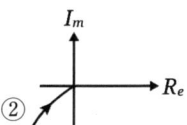

③ 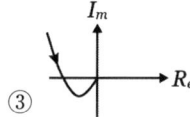   ④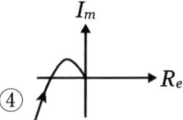

해설 23
주어진 전달 함수는 분모의 괄호 밖의 차수가 1차이므로 1형이면서, 분모의 괄호 항이 1개이므로 3상한의 1개의 면에만 존재하여야 한다.

[답] ②

24. 단위 피드백 제어계의 개루프 전달 함수의 벡터 궤적이다. 이 중 안정한 궤적은?

① 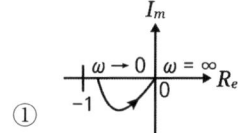   ②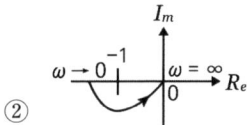

③ 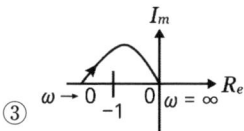   ④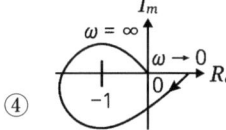

해설 24
제어계가 안정하기 위한 나이퀴스트 선도 조건
(1) 나이퀴스트 선도가 시계 방향으로 진행할 경우 : 임계점(-1, j0)을 포위하지 않을 것
(2) 나이퀴스트 선도가 반시계 방향으로 진행할 경우 : 임계점(-1, j0)을 포위할 것

[답] ②

25. s 평면의 우반면에 3개의 극점이 있고, 2개의 영점이 있다. 이때 다음과 같은 설명 중 어느 나이퀴스트 선도일 때 시스템이 안정한가?

① $(-1, j0)$점을 반시계 방향으로 1번 감쌌다.
② $(-1, j0)$점을 시계 방향으로 1번 감쌌다.
③ $(-1, j0)$점을 반시계 방향으로 5번 감쌌다.
④ $(-1, j0)$점을 시계 방향으로 5번 감쌌다.

> **해설 25**
> 극점 수에서 영점 수를 빼면 3-2=1이고, 나이퀴스트 선도가 임계점(-1, j0)을 반시계 방향으로 1번 감싸야 제어계는 안정이다.

[답] ①

26. $G(s)H(s) = \dfrac{20}{s(s-1)(s+2)}$ 인 계의 이득 여유[dB]는?

① 10　　② 1　　③ -20　　④ -10

> **해설 26**
> - $GH(j\omega) = \dfrac{20}{j\omega(j\omega-1)(j\omega+2)} = \dfrac{20}{-j\omega^3 - \omega^2 - 2j\omega}$
> $= \left| \dfrac{20}{-\omega^2 + j\omega(-\omega^2 - 2)} \right|_{\omega^2 = -2} = \dfrac{20}{2} = 10$
> - $GM[\text{dB}] = 20\log_{10}\left|\dfrac{1}{GH}\right| = 20\log_{10}\dfrac{1}{10} = -20[\text{dB}]$

[답] ③

27. $GH(j\omega) = \dfrac{10}{(j\omega+1)(j\omega+T)}$ 에서 이득 여유를 20[dB]보다 크게 하기 위한 T의 범위는?

① $T > 0$ ② $T > 10$ ③ $T < 0$ ④ $T > 100$

해설 27

- $GH(j\omega) = \left| \dfrac{10}{(j\omega+1)(j\omega+T)} \right|_{j=0} = \dfrac{10}{T}$

- $GM[\text{dB}] = 20\log_{10} \dfrac{T}{10} > 20[\text{dB}]$의 조건이므로, $\dfrac{T}{10} > 10$ ⇒ ∴ $T > 100$

[답] ④

28. 지연 요소(dead time element)는 제어계의 안정도에 어떤 영향을 미치는가?

① 안정도에 관계없다.   ② 안정도를 개선한다.
③ 안정도를 저하시킨다.   ④ 상대적 안정도의 척도 역할을 한다.

해설 28
제어계에서 지연 요소는 출력 시간의 지연을 발생할 뿐이지 제어 장치의 안정도와는 관계없다.

[답] ①

29. 다음 임펄스 응답 중 안정한 계는?

① $c(t) = 1$ ② $c(t) = \cos\omega t$
③ $c(t) = e^{-t}\sin\omega t$ ④ $c(t) = 2t$

해설 29
$\lim\limits_{t\to\infty} c(t) = \lim\limits_{t\to\infty} e^{-t}\sin\omega t = 0$으로서, 제어계의 최종값이 0이 되므로, 이 제어 장치는 안정하다.

[답] ③

30. 안정된 제어계의 특성근이 2개의 공액 복소근을 가질 때 이 근들이 허수축 가까이에 있는 경우 허수축에서 멀리 떨어져 있는 안정된 근에 비해 과도 응답 영향은 어떻게 되는가?

① 천천히 사라진다.   ② 영향이 같다.
③ 빨리 사라진다.   ④ 영향이 없다.

해설 30
제어계가 안정하기 위해서는 복소 평면(s 평면)상에서 허수축에서 좌반 평면으로 멀리 갈수록 빨리 안정된다.

[답] ①

31. 진상 보상기의 설명 중 맞는 것은?

① 일종의 저주파 통과 필터의 역할을 한다.
② 2개의 극점과 2개의 영점을 가지고 있다.
③ 과도 응답 속도를 개선시킨다.
④ 정상 상태에서의 정확도를 현저히 개선시킨다.

해설 31
진상 보상기는, 제어계에 위상 특성이 빠른 진상 전류를 보상 요소로 이용하여 제어 동작의 속도를 개선시킨다.

[답] ③

근 궤적

01. 근 궤적의 특성

02. 근 궤적 관련 공식

03. 근 궤적의 이탈점(분지점 : break away point)

- 적중실전문제

Chapter 09 근 궤적

01 근 궤적의 특성

1) 근궤적의 정의
   개루프 전달 함수의 이득 정수 K를 $0 \sim \infty$ 까지 변화시킬 때의 극점의 이동 궤적을 그린 선도

2) 근궤적의 성질
   (1) 근궤적의 출발점($K=0$) : $G(s)H(s)$의 극점으로부터 출발한다.
   (2) 근궤적의 종착점($K=\infty$) : $G(s)H(s)$의 영점에서 끝난다.
   (3) 근궤적은 항상 실수축에 대하여 대칭이다.
   (4) 근궤적의 개수는 영점(z) 수와 극점(p) 수 중에서 큰 것과 일치한다.

> **예제 1**
> 근궤적은 개루프 전달함수의 어떤 점에서 출발하고 어떤 점에서 끝나는가?
> ① 영점에서 출발, 극점에서 끝난다.
> ② 영점에서 출발, 영점으로 되돌아와 끝난다.
> ③ 극점(pole)에서 출발, 영점(zero)에서 끝난다.
> ④ 극점에서 출발, 극점에서 되돌아와 끝난다.
> 【해설】
> (1) 근궤적의 출발점($K=0$) : $G(s)H(s)$의 극점으로부터 출발한다.
> (2) 근궤적의 종착점($K=\infty$) : $G(s)H(s)$의 영점에서 끝난다.
> [답] ③

02 근 궤적 관련 공식

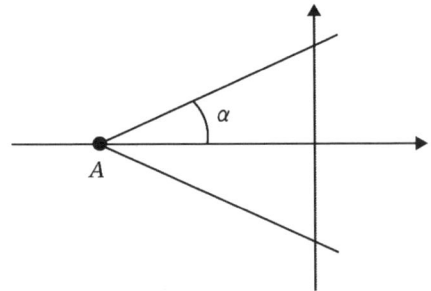

〈점근선의 교차점 및 각도〉

1) 점근선의 교차점

- 교차점 : $A = \dfrac{\sum P - \sum Z}{P - Z}$

2) 점근선의 각도

- 각도 : $\alpha = \dfrac{(2k+1)\pi}{P - Z}$ $(k = 0, 1, 2, 3, \cdots)$

단, 위의 식에서
- $\sum P$: 극점의 합계, $\sum Z$: 영점의 합계
- P : 극점의 개수, Z : 영점의 개수

예제 2

$G(s)H(s) = \dfrac{K(s-1)}{s(s+1)(s-4)}$ 에서 점근선의 교차점과 각도를 구하면?

① 4, 180° ② 3, 180° ③ 2, 90° ④ 1, 90°

【해설】
(1) 우선 문제에 주어진 전달 함수로부터,
- 영점 : 1 (1개), 극점 : 0, -1, 4 (3개)

(2) 위 영점과 극점을 점근선의 교차점 공식에 대입하여,
- $A = \dfrac{\sum P - \sum Z}{P - Z} = \dfrac{(0-1+4)-(1)}{3-1} = 1$

(3) 또한, 점근선의 각도는,
- $\alpha = \dfrac{(2k+1)\pi}{P - Z} = \dfrac{(2k+1) \times 180°}{3-1} = (2k+1) \times 90°$ $(k = 0, 1, 2, 3, \cdots)$

  $= 90°, 270°, 450°, \cdots$

[답] ④

03 근 궤적의 이탈점(분지점 : break away point)

1) 근궤적 이탈점의 정의
   근궤적이 실수축에서 이탈되어 나아가기 시작하는 점

2) 근궤적의 이탈점 산출 방법
   (1) 개루프 전달 함수를 이득 상수 K에 대해 식을 정리한 후, s에 대하여 미분하여 0을 만족하는 근을 구한다.
   (2) 위에서 구한 근 중에서 실제 근궤적 범위 내에 들어가는 근이 이탈점이다.

예제 3

$G(s)H(s) = \dfrac{K}{s(s+4)(s+5)}$ 의 $K \geq 0$ 에서의 분지점은?

① -1.47   ② -4.53   ③ 1.47   ④ 4.53

【해설】

(1) 문제의 식을 이득 상수 K에 대하여 정리한 후, s에 대해서 미분하면,
- $s(s+4)(s+5) + K = 0 \Rightarrow \therefore K = -s^3 - 9s^2 - 20s$
- $\dfrac{dK}{ds} = -3s^2 - 18s - 20 = 0 \Rightarrow \therefore 3s^2 + 18s + 20 = 0$

(2) 위 식을 근의 공식을 이용하여 근을 구하면,
- $s = \dfrac{-18 \pm \sqrt{18^2 - 4 \times 3 \times 20}}{2 \times 3} = -1.47 \text{ or } -4.53$

(3) 그런데, 극점이 0, -4, -5이므로 근궤적의 범위는 (0 ~ -4) 및 (-5 ~ $-\infty$)이므로 분지점은 -1.47 만이 가능하다.

[답] ①

Chapter 09. 근 궤적

적중실전문제

1. 시간 영역에서의 제어계를 해석, 설계하는 데 유용한 방법은?
   ① 나이퀴스트 판정법   ② 니콜스 선도법
   ③ 보드 선도법   ④ 근궤적법

> **해설 1**
> 시간의 경과에 따른 제어계의 상태를 파악하는 가장 손쉬운 방법은 근궤적에 의하여 제어계를 해석하는 방법이다.
>
> [답] ④

2. 근궤적의 성질 중 옳지 않는 것은?
   ① 근궤적은 실수축에 관해 대칭이다.
   ② 근궤적은 개루프 전달 함수의 극으로부터 출발한다.
   ③ 근궤적의 가지수는 특성 방정식의 차수와 같다.
   ④ 점근선은 실수축과 허수축 상에서 교차한다.

> **해설 2**
> 근궤적의 성질
> (1) 근궤적의 출발점($K=0$) : $G(s)H(s)$의 극점으로부터 출발한다.
> (2) 근궤적의 종착점($K=\infty$) : $G(s)H(s)$의 영점에서 끝난다.
> (3) 근궤적은 항상 실수축에 대하여 대칭이다.
> (4) 근궤적의 개수는 영점(z) 수와 극점(p) 수 중에서 큰 것과 일치한다.
>
> [답] ④

3. $G(s)H(s) = \dfrac{k}{s^2(s+1)^2}$ 에서 근궤적의 수는?
   ① 4   ② 2   ③ 1   ④ 0

> **해설 3**
> 영점 수는 0개이고, 극점 수는 0에 2개 및 -1에 2개 즉, 4개이므로 근궤적의 수는 영점의 개수와 극점의 개수 중에서 큰 극점 수 4개와 일치한다.
>
> [답] ①

4. $G(s)H(s) = \dfrac{k(s+1)}{s(s+2)(s+3)}$ 에서 근궤적의 수는?

① 1 　　② 2 　　③ 3 　　④ 4

해설 4

영점 수는 -1에 1개이고, 극점 수는 0, -2, -3에 3개이므로 근궤적의 수는 영점의 개수와 극점의 개수 중에서 큰 극점 수 3개와 일치한다.

[답] ③

5. $G(s)H(s) = \dfrac{k(s-2)(s-3)}{s^2(s+1)(s+2)(s+4)}$ 에서 점근선의 교차점은 얼마인가?

① 2 　　② 5 　　③ 4 　　④ -4

해설 5

(1) 우선 문제에 주어진 전달 함수로부터,
- 영점 : 2, 3 (2개),   극점 : 0, 0, -1, -2, -4 (5개)

(2) 위 영점과 극점을 점근선의 교차점 공식에 대입하여,
- $A = \dfrac{\sum P - \sum Z}{P - Z} = \dfrac{(0+0-1-2-4)-(2+3)}{5-2} = -4$

[답] ④

6. $G(s)H(s) = \dfrac{k(s-1)}{s(s+1)(s-4)}$ 에서 점근선의 교차점을 구하면?

① 4 　　② 3 　　③ 2 　　④ 1

해설 6

(1) 우선 문제에 주어진 전달 함수로부터,
- 영점 : 1 (1개),   극점 : 0, -1, 4 (3개)

(2) 위 영점과 극점을 점근선의 교차점 공식에 대입하여,
- $A = \dfrac{\sum P - \sum Z}{P - Z} = \dfrac{(0-1+4)-(1)}{3-1} = 1$

[답] ④

7. 개루프 전달 함수 $G(s)H(s)$가 다음 같을 때 실수축 상의 근궤적 범위는 어떻게 되는가?

$$G(s)H(s) = \frac{k(s+1)}{s(s+2)}$$

① 원점과 (-2) 사이
② 원점에서 점 (-1) 사이와 (-2) ~ ($-\infty$) 사이
③ (-2)와 ($+\infty$) 사이
④ 원점과 (+2) 사이

해설 7

(1) 영점은 -1, 극점은 0과 -2 이므로 이를 근궤적으로 그려보면,

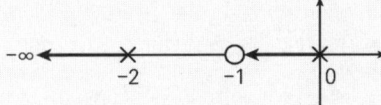

(2) 따라서, 근궤적의 범위는 (0 ~ -1)과 (-2 ~ -∞) 사이이다.

[답] ②

8. 개루프 전달 함수 $G(s)H(s)$가 다음과 같은 계의 실수축 상의 근궤적은 어느 범위인가?

$$G(s)H(s) = \frac{k}{s(s+4)(s+5)}$$

① 0과 -4 사이의 실수축 상
② -4과 -5 사이의 실수축 상
③ -5와 -8 사이의 실수축 상
④ 0과 -4, -5 와 -∞ 사이의 실수축 상

해설 8

(1) 영점은 없고, 극점은 0과 -4, -5 이므로 이를 근궤적으로 그려보면,

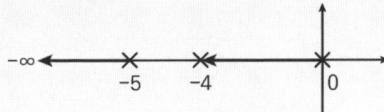

(2) 따라서, 근궤적의 범위는 (0 ~ -4)과 (-4 ~ -∞) 사이이다.

[답] ④

9. 특성 방정식 $s(s+4)(s^2+3s+2)+K(s+2)=0$의 $-\infty > K > 0$의 근궤적의 점근선이 실수축과 이루는 각은 각각 몇 도인가?
① 0°, 120°, 240°
② 45°, 135°, 225°
③ 60°, 180°, 300°
④ 90°, 180°, 270°

해설 9

(1) 주어진 특성 방정식에서 전달 함수를 구하고 극점과 영점을 구하면,
$$G(s)H(s) = \frac{K(s+2)}{s(s+4)(s^2+3s+2)} = \frac{K(s+2)}{s(s+4)(s+1)(s+2)} = \frac{K}{s(s+4)(s+1)}$$

(2) 위 식에서, • 영점 : 0개, 극점 : 0, -4, -1(3개)

(3) 점근선의 각도 계산식에 대입하여,
• $\alpha = \dfrac{(2K+1)\pi}{P-Z} = \dfrac{(2K+1) \times 180°}{3-0} = (2K+1) \times 60°|_{k=0,1,2} = 60°, 180°, 300°$

[답] ③

10. 근궤적이 s 평면의 $j\omega$ 축과 교차할 때 폐루프의 제어계는?
① 안정하다.
② 불안정하다
③ 임계 상태이다.
④ 알 수 없다.

해설 10

$j\omega$축은 s 평면 상에서 임계 운전 영역이므로 이 제어계는 임계 상태이다.

[답] ③

11. 전달 함수가 $G(s)H(s) = \dfrac{K}{s(s+2)(s+8)}$ 인 $K \geq 0$의 근궤적에서 분지점은?

① -0.93　　　② -5.73　　　③ -1.25　　　④ -9.5

> **해설 11**

(1) 문제의 식을 이득 상수 K에 대하여 정리한 후, s에 대해서 미분하면,
- $s(s+2)(s+8) + K = 0 \;\;\Rightarrow\;\; \therefore K = -s^3 - 10s^2 - 16s$
- $\dfrac{dK}{ds} = -3s^2 - 20s - 16 = 0 \;\;\Rightarrow\;\; \therefore 3s^2 + 20s + 16 = 0$

(2) 위 식을 근의 공식을 이용하여 근을 구하면,
- $s = \dfrac{-20 \pm \sqrt{20^2 - 4 \times 3 \times 16}}{2 \times 3} = -0.93 \text{ or } -5.74$

(3) 그런데, 극점이 0, -2, -8이므로 근궤적의 범위는 (0 ~ -2) 및 (-8 ~ $-\infty$)이므로 분지점은 -0.93만이 가능하다.

[답] ①

MEMO

Chapter 10

제어계의 상태 해석

01. 제어계의 상태 방정식

02. 제어 시스템의 과도 응답(천이 행렬)

03. 제어 시스템의 제어 및 관측 가능성 판정

04. Z 변환

- 적중실전문제

Chapter 10 제어계의 상태 해석

01 제어계의 상태 방정식

1) 상태 방정식의 정의
제어 장치의 동작 상태를 미분 방정식을 이용하여 벡터 행렬로 표현한 것

2) 제어 시스템의 미분 방정식 및 상태 방정식

(1) 2차 제어 시스템

- 상태 방정식 : $\dfrac{d^2 y(t)}{dt^2} + a\dfrac{dy(t)}{dt} + b\, y(t) = c\, r(t)$

- 벡터 행렬 : $[A] = \begin{bmatrix} 0 & 1 \\ -b & -a \end{bmatrix}$, $[B] = \begin{bmatrix} 0 \\ c \end{bmatrix}$

(2) 3차 제어 시스템

- 상태 방정식 : $\dfrac{d^3 y(t)}{dt^3} + a\dfrac{d^2 y(t)}{dt^2} + b\dfrac{dy(t)}{dt} + c\, y(t) = dr(t)$

- 벡터 행렬 : $[A] = \begin{bmatrix} 0 & 1 & 0 \\ 0 & 0 & 1 \\ -c & -b & -a \end{bmatrix}$, $[B] = \begin{bmatrix} 0 \\ 0 \\ d \end{bmatrix}$

예제 1

다음 운동 방정식으로 표시되는 계의 계수 행렬 A는 어떻게 표시되는가?

$$\dfrac{d^2 c(t)}{dt^2} + 3\dfrac{dc(t)}{dt} + 2c(t) = r(t)$$

① $\begin{bmatrix} -2 & -3 \\ 0 & 1 \end{bmatrix}$ ② $\begin{bmatrix} 0 & 1 \\ -3 & -2 \end{bmatrix}$

③ $\begin{bmatrix} 0 & 1 \\ -2 & -3 \end{bmatrix}$ ④ $\begin{bmatrix} -3 & -2 \\ 1 & 0 \end{bmatrix}$

【해설】
상태 방정식의 계수 행렬의 특성은 2차 방정식인 경우 1행 요소는 [0 1]로서 불변이다. 단지 2행 요소가 2→-2로, 3→-3으로 변경된다는 것이다. 따라서 계수 행렬 A는, $[A] = \begin{bmatrix} 0 & 1 \\ -2 & -3 \end{bmatrix}$

[답] ③

02 제어 시스템의 과도 응답(천이 행렬)

1) 천이 행렬의 정의
제어 장치의 상태 방정식 $\dot{x}(t) = Ax(t) + Bu(t)$의 해를 구하여 제어계의 급격한 과도 상태에서의 제어 장치의 특성을 파악하기 위한 행렬식을 말한다.

2) 천이 행렬 계산 방법
(1) $[sI-A]$ 행렬을 구한다.

단, $[I]$: 단위 행렬로서 $\begin{bmatrix} 1 & 0 \\ 0 & 1 \end{bmatrix}$, $[A]$: 벡터 행렬

(2) $[sI-A]$의 역행렬 $[sI-A]^{-1}$을 구한다.
(3) 역 라플라스 변환을 이용하여 시간 함수로 표현된 천이 행렬을 구한다.
- $\varnothing(t) = \mathcal{L}^{-1}\{[sI-A]^{-1}\}$

예제 2

다음 상태 방정식으로 표시되는 제어계의 천이 행렬 $\varnothing(t)$는?

$$\dot{X} = \begin{bmatrix} 0 & 1 \\ 0 & 0 \end{bmatrix} X + \begin{bmatrix} 0 \\ 1 \end{bmatrix} u$$

① $\begin{bmatrix} 0 & t \\ 1 & 1 \end{bmatrix}$ ② $\begin{bmatrix} 1 & 1 \\ 0 & t \end{bmatrix}$ ③ $\begin{bmatrix} 1 & t \\ 0 & 1 \end{bmatrix}$ ④ $\begin{bmatrix} 0 & t \\ 1 & 0 \end{bmatrix}$

【해설】
(1) 우선, $[sI-A]$ 행렬을 구하면,

- $s\begin{bmatrix} 1 & 0 \\ 0 & 1 \end{bmatrix} - \begin{bmatrix} 0 & 1 \\ 0 & 0 \end{bmatrix} = \begin{bmatrix} s & 0 \\ 0 & s \end{bmatrix} - \begin{bmatrix} 0 & 1 \\ 0 & 0 \end{bmatrix} = \begin{bmatrix} s & -1 \\ 0 & s \end{bmatrix}$

(2) 이의 역행렬을 구하면,

- $[sI-A]^{-1} = \dfrac{1}{s^2}\begin{bmatrix} s & 1 \\ 0 & s \end{bmatrix} = \begin{bmatrix} \dfrac{1}{s} & \dfrac{1}{s^2} \\ 0 & \dfrac{1}{s} \end{bmatrix}$

(3) 따라서, 위의 식을 역 라플라스 변환하여 천이 행렬을 구하면,

- $\varnothing(t) = \mathcal{L}^{-1}\{[sI-A]^{-1}\} = \begin{bmatrix} 1 & t \\ 0 & 1 \end{bmatrix}$

[답] ③

03 제어 시스템의 제어 및 관측 가능성 판정

1) 제어 가능성 판정 방법

제어 장치의 상태 방정식을 나타내는 시스템 행렬이 $[A]$, $[B]$, $[C]$라고 주어졌을 경우, $[B\ AB]$ 행렬을 구한 후에

(1) $[B\ AB]$ 행렬의 크기가 0이 아니면, 이 제어 장치는 가제어성(제어 가능)

(2) $[B\ AB]$ 행렬의 크기가 0이면, 이 제어 장치는 제어 불가능

단, AB 란, $[A]$ 행렬과 $[B]$ 행렬의 곱 행렬을 말한다.

2) 관측 가능성 판정 방법

제어 장치의 상태 방정식을 나타내는 시스템 행렬이 $[A]$, $[B]$, $[C]$라고 주어졌을 경우 $\begin{bmatrix} C \\ CA \end{bmatrix}$ 행렬을 구한후에,

(1) 행렬의 크기가 0이 아니면, 가관측성(관측 가능)

(2) 행렬의 크기가 0이면, 관측 불가능

단, CA 란, $[C]$ 행렬과 $[A]$ 행렬의 곱 행렬을 말한다.

예제 3

상태 방정식 $\dfrac{d}{dt}x(t) = Ax(t) + Bu(t)$, 출력 방정식 $y(t) = Cx(t)$ 에서 $A = \begin{bmatrix} -1 & 1 \\ 0 & -3 \end{bmatrix}$, $B = \begin{bmatrix} 0 \\ 1 \end{bmatrix}$, $C = [0\ 1]$ 일 때 다음 설명 중 옳은 것은?

① 이 시스템은 제어 및 관측이 가능하다.
② 이 시스템은 제어는 가능하나 관측은 불가능하다.
③ 이 시스템은 제어는 불가능하나 관측이 가능하다.
④ 이 시스템은 제어 및 관측이 불가능하다.

【해설】

(1) 가제어성 판정

- $[AB] = \begin{bmatrix} -1 & 1 \\ 0 & 3 \end{bmatrix}\begin{bmatrix} 0 \\ 1 \end{bmatrix} = \begin{bmatrix} 1 \\ -3 \end{bmatrix}$, $[B\ AB] = \begin{bmatrix} 0 & 1 \\ 1 & -3 \end{bmatrix}$ $\Rightarrow$ $\therefore |B\ AB| = -1$

로서 0이 아니므로 이 제어계는 제어 가능하다.

(2) 가관측성 판정

- $[CA] = [0\ 1]\begin{bmatrix} -1 & 1 \\ 0 & -3 \end{bmatrix} = [0\ -3]$, $\begin{bmatrix} C \\ CA \end{bmatrix} = \begin{bmatrix} 0 & 1 \\ 0 & -3 \end{bmatrix}$ $\Rightarrow$ $\therefore \begin{vmatrix} C \\ CA \end{vmatrix} = 0$

로서 0이므로 이 제어계는 관측 불가능하다.

[답] ②

04 Z 변환

1) Z 변환의 정의
(1) 라플라스 변환(s 변환)은 연속적인 선형 미분 방정식을 해석하는데 편리하다.
(2) Z 변환은 불연속 시스템인 차분 방정식이나 이산 시스템을 해석하는데 유용하다.

2) 시험에 자주 출제되는 Z 변환 공식

시간 함수 $f(t)$	라플라스 변환 $F(S)$	Z 변환 $F(Z)$
임펄스 함수 : $\delta(t)$	1	1
단위 계단 함수 : $u(t)=1$	$\dfrac{1}{s}$	$\dfrac{z}{z-1}$
속도 함수 : t	$\dfrac{1}{s^2}$	$\dfrac{Tz}{(z-1)^2}$
지수 함수 : e^{-at}	$\dfrac{1}{s+a}$	$\dfrac{z}{z-e^{-aT}}$

예제 4

단위 계단 함수의 라플라스 변환과 Z 변환 함수는 어느 것인가?

① $\dfrac{1}{s}$, $\dfrac{z}{z-1}$ ② s, $\dfrac{z}{z-1}$ ③ $\dfrac{1}{s}$, $\dfrac{z-1}{z}$ ④ s, $\dfrac{z-1}{z}$

【해설】
$f(t)=u(t)=1 \Rightarrow \cdot F(s)=\dfrac{1}{s} \Rightarrow \cdot F(z)=\dfrac{z}{z-1}$

[답] ①

3) Z 변환의 초기값 정리 및 최종값 정리
   (1) 초기값 정리
   - $\lim_{t \to 0} f(t) = \lim_{s \to \infty} s F(s) = \lim_{z \to \infty} F(z)$

   (2) 최종값 정리
   - $\lim_{t \to \infty} f(t) = \lim_{s \to 0} s F(s) = \lim_{z \to 1} (1 - z^{-1}) F(z)$

예제 5

$e(t)$의 초기치는 $e(t)$의 z 변환을 $E(z)$라 했을 때 다음 어느 방법으로 얻어지는가?

① $\lim_{z \to 0} z E(z)$　　② $\lim_{z \to 0} E(z)$　　③ $\lim_{z \to \infty} z E(z)$　　④ $\lim_{z \to \infty} E(z)$

【해설】
초기값 정리 : $\lim_{t \to 0} f(t) = \lim_{s \to \infty} s F(s) = \lim_{z \to \infty} F(z)$

[답] ④

4) Z 평면 상에서 제어계의 안정도 판정
   (1) s 평면 상에서는 허수축을 기준으로 하여 극점의 위치가 좌반 평면인가, 우반 평면에 위치하는가로 제어 장치의 안정 운전 여부를 판정하나, z 평면 상에서는 반지름이 1인 단위원을 기준으로 극점의 위치가 원의 내부에 존재하는가, 원의 밖에 존재하는가로 안정도를 판정한다.

   (2) 즉, s 평면 상과 z 평면 상에서의 판정 기준을 나타내면 아래 그림과 같다.

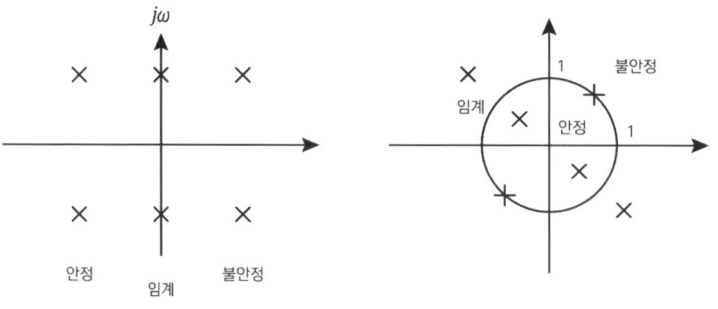

(a) S 평면에서의 안정도　　(b) Z 평면에서의 안정도

예제 6

z 변환법을 사용한 샘플값 제어계가 안정하려면 $1 + GH(z) = 0$의 근의 위치는?

① z 평면의 좌반면에 존재하여야 한다.
② z 평면의 우반면에 존재하여야 한다.
③ $z = 1$인 단위원 내에 존재하여야 한다.
④ $z = 1$인 단위원 밖에 존재하여야 한다.

【해설】
(1) 안정 : 근의 위치가 s 평면에서 허수축 기준으로 좌반부, z 평면에서 단위원 내부에 존재
(2) 불안정 : 근의 위치가 s 평면에서 허수축 기준으로 우반부, z 평면에서 단위원 외부에 존재
(3) 임계 : 근의 위치가 s 평면에서는 허수축에, z 평면에서는 단위원 상에 존재

[답] ③

Chapter 10. 제어계의 상태 해석
적중실전문제

1. n차 선형 시불변 시스템의 상태 방정식을 $\dfrac{d}{dt}X(t) = AX(t) + Bu(t)$로 표시할 때 상태 천이 행렬 $\emptyset(t)$ ($n \times n$ 행렬)에 관하여 잘못 기술된 것은?

① $\dfrac{d\emptyset(t)}{dt} = A\emptyset(t)$

② $\emptyset(t) = \mathcal{L}^{-1}\{(sI-A)^{-1}\}$

③ $\emptyset(t) = e^{At}$

④ $\emptyset(t)$는 시스템의 정상 상태 응답을 나타낸다.

해설 1

$\emptyset(t)$는 제어 장치의 시스템의 급격한 상태 변화를 나타내는 과도 상태 응답을 나타내는 천이 행렬을 표현한다.

[답] ④

2. 다음 계통의 상태 천이 행렬 $\emptyset(t)$를 구하면?

$$\begin{bmatrix} \dot{X}_1 \\ \dot{X}_2 \end{bmatrix} = \begin{bmatrix} 0 & 1 \\ -2 & -3 \end{bmatrix} \begin{bmatrix} X_1 \\ X_2 \end{bmatrix}$$

① $\begin{bmatrix} 2e^{-t} - e^{2t} & e^{-t} - e^{2t} \\ -2e^{-t} + 2e^{2t} & -e^{t} + 2e^{2t} \end{bmatrix}$

② $\begin{bmatrix} 2e^{t} + e^{2t} & -e^{-t} + e^{-2t} \\ 2e^{t} - 2e^{2t} & -e^{t} - 2e^{-2t} \end{bmatrix}$

③ $\begin{bmatrix} -2e^{-t} + e^{-2t} & -e^{-t} - e^{-2t} \\ -2e^{-t} - 2e^{-2t} & -e^{-t} - 2e^{-2t} \end{bmatrix}$

④ $\begin{bmatrix} 2e^{-t} - e^{-2t} & e^{-t} - e^{-2t} \\ -2e^{-t} + 2e^{-2t} & -e^{-t} + 2e^{-2t} \end{bmatrix}$

해설 2

(1) 우선 $[sI-A]^{-1}$ 행렬 식을 구하면,

- $[sI-A] = s\begin{bmatrix} 1 & 0 \\ 0 & 1 \end{bmatrix} - \begin{bmatrix} 0 & 1 \\ -2 & -3 \end{bmatrix} = \begin{bmatrix} s & -1 \\ 2 & s+3 \end{bmatrix}$

- $[sI-A]^{-1} = \dfrac{1}{s^2+3s+2}\begin{bmatrix} s+3 & 1 \\ -2 & s \end{bmatrix} = \begin{bmatrix} \dfrac{s+3}{(s+1)(s+2)} & \dfrac{1}{(s+1)(s+2)} \\ \dfrac{-2}{(s+1)(s+2)} & \dfrac{s}{(s+1)(s+2)} \end{bmatrix}$

$= \begin{bmatrix} \dfrac{2}{s+1} - \dfrac{1}{s+2} & \dfrac{1}{s+1} - \dfrac{1}{s+2} \\ \dfrac{-2}{s+1} + \dfrac{2}{s+2} & \dfrac{-1}{s+1} + \dfrac{2}{s+2} \end{bmatrix}$

(2) 위 식을 라플라스 역 변환하여 천이 행렬 $\emptyset(t)$를 구하면,

- $\emptyset(t) = \begin{bmatrix} 2e^{-t} - e^{-2t} & e^{-t} - e^{-2t} \\ -2e^{-t} + 2e^{-2t} & -e^{-t} + 2e^{-2t} \end{bmatrix}$

[답] ④

3. 상태 방정식이 다음과 같은 계의 천이 행렬 $\emptyset(t)$는 어떻게 표시되는가?

$$\dot{x}(t) = Ax(t) + Bu(t)$$

① $\mathcal{L}^{-1}\{(sI-A)\}$
② $\mathcal{L}^{-1}\{(sI-A)^{-1}\}$
③ $\mathcal{L}^{-1}\{(sI-B)\}$
④ $\mathcal{L}^{-1}\{(sI-B)^{-1}\}$

해설 3

(1) 특성 방정식 : $|sI-A| = 0$
(2) 천이 행렬 : $\emptyset(t) = \mathcal{L}^{-1}\{(sI-A)^{-1}\}$

[답] ②

4. 상태 변위 행렬식(state transition matrix) $\varnothing(t) = e^{At}$에서 $t = 0$일 때의 값은?

① e ② I ③ e^{-1} ④ 0

해설 4

$\varnothing(t) = e^{At}|_{t=0} = e^0 = 1$이고, 크기가 1이 되는 행렬 식은 단위 행렬 $I = \begin{bmatrix} 1 & 0 \\ 0 & 1 \end{bmatrix}$이다.

[답] ②

5. 상태 방정식 $\dot{x}(t) = Ax(t) + Br(t)$인 제어계의 특성 방정식은?

① $|sI - B| = I$ ② $|sI - A| = I$
③ $|sI - B| = 0$ ④ $|sI - A| = 0$

해설 5

(1) 특성 방정식 : $|sI - A| = 0$
(2) 천이 행렬 : $\varnothing(t) = \mathcal{L}^{-1}\{(sI - A)^{-1}\}$

[답] ④

6. 상태 방정식 $\dot{x}(t) = Ax(t) + Bu(t)$에서 $A = \begin{bmatrix} 0 & 1 \\ -2 & -3 \end{bmatrix}$일 때 특성 방정식의 근은?

① -2, -3 ② -1, -2 ③ -1, -3 ④ 1, -3

해설 6

- $[sI - A] = s\begin{bmatrix} 1 & 0 \\ 0 & 1 \end{bmatrix} - \begin{bmatrix} 0 & 1 \\ -2 & -3 \end{bmatrix} = \begin{bmatrix} s & -1 \\ 2 & s+3 \end{bmatrix}$ $\Rightarrow$ $\therefore |sI - A| = s^2 + 3s + 2 = 0$
- $s^2 + 3s + 2 = (s+1)(s+2) = 0$

따라서, 특성 방정식의 근은 -1과 -2이다.

[답] ②

7. $A = \begin{bmatrix} 0 & 1 \\ -3 & -2 \end{bmatrix}$, $B = \begin{bmatrix} 4 \\ 5 \end{bmatrix}$인 상태 방정식 $\dfrac{dx}{dt} = Ax + Br$에서 제어계의 특성 방정식은?

① $s^2 + 4s + 3 = 0$
② $s^2 + 3s + 2 = 0$
③ $s^2 + 3s + 4 = 0$
④ $s^2 + 2s + 3 = 0$

해설 7

- $[sI-A] = s\begin{bmatrix} 1 & 0 \\ 0 & 1 \end{bmatrix} - \begin{bmatrix} 0 & 1 \\ -3 & -2 \end{bmatrix} = \begin{bmatrix} s & -1 \\ 3 & s+2 \end{bmatrix}$

∴ $|sI-A| = s(s+2) - (-1 \times 3) = s^2 + 2s + 3 = 0$

[답] ④

8. 다음과 같은 상태 방정식의 고유값 λ_1과 λ_2는?

$$\begin{bmatrix} \dot{X_1} \\ \dot{X_2} \end{bmatrix} = \begin{bmatrix} 1 & -2 \\ -3 & 2 \end{bmatrix} \begin{bmatrix} X_1 \\ X_2 \end{bmatrix} + \begin{bmatrix} 2 & -3 \\ -4 & 3 \end{bmatrix} \begin{bmatrix} t_1 \\ t_2 \end{bmatrix}$$

① 4, -1
② -4, 1
③ 8, -1
④ -8, 1

해설 8

- $[sI-A] = s\begin{bmatrix} 1 & 0 \\ 0 & 1 \end{bmatrix} - \begin{bmatrix} 1 & -2 \\ -3 & 2 \end{bmatrix} = \begin{bmatrix} s-1 & 2 \\ 3 & s-2 \end{bmatrix}$

∴ $|sI-A| = (s-1)(s-2) - 2 \times 3 = s^2 - 3s - 4 = (s-4)(s+1) = 0$
이므로, 근은 4, -1이다.

[답] ①

9. 다음 운동 방정식으로 표시되는 계의 계수 행렬 A는 어떻게 표시되는가?

$$\frac{d^2c(t)}{dt^2} + 3\frac{dc(t)}{dt} + 2c(t) = r(t)$$

① $\begin{bmatrix} -2 & -3 \\ 0 & 1 \end{bmatrix}$

② $\begin{bmatrix} 1 & 0 \\ -3 & -2 \end{bmatrix}$

③ $\begin{bmatrix} 0 & 1 \\ -2 & -3 \end{bmatrix}$

④ $\begin{bmatrix} -3 & -2 \\ 1 & 0 \end{bmatrix}$

해설 9

상태 방정식의 계수 행렬의 특성은 2차 방정식인 경우 1행 요소는 [0 1]로서 불변이다. 단지 2행 요소가 2→ −2로, 3→ −3으로 변경된다는 것이다.

따라서 계수 행렬 A는, ・ $[A] = \begin{bmatrix} 0 & 1 \\ -2 & -3 \end{bmatrix}$

[답] ③

10. $\frac{d^2x}{dt^2} + \frac{dx}{dt} + 2x = 2u$ 의 상태 변수를 $x_1 = x$, $x_2 = \frac{dx}{dt}$ 라 할 때 시스템 매트릭스(system matrix)는?

① $\begin{bmatrix} 0 & 1 \\ 1 & 1 \end{bmatrix}$ ② $\begin{bmatrix} 0 & 1 \\ 2 & 1 \end{bmatrix}$ ③ $\begin{bmatrix} 0 & 1 \\ -2 & -1 \end{bmatrix}$ ④ $\begin{bmatrix} 0 \\ 2 \end{bmatrix}$

해설 10

상태 방정식의 계수 행렬의 특성은 2차 방정식인 경우 1행 요소는 [0 1]로서 불변이다. 단지 2행 요소가 2→ −2로, 1→ −1으로 변경된다는 것이다.

따라서 계수 행렬 A는, ・ $[A] = \begin{bmatrix} 0 & 1 \\ -2 & -1 \end{bmatrix}$

[답] ③

★★★★★

11. 다음 계통의 상태 방정식을 유도하면?

(단, 상태변수를 $x_1 = x$, $x_2 = \dot{x}$, $x_3 = \ddot{x}$로 놓았다.)

$$\dddot{x} + 5\ddot{x} + 10\dot{x} + 5x = 2u$$

① $\begin{bmatrix} \dot{x_1} \\ \dot{x_2} \\ \dot{x_3} \end{bmatrix} = \begin{bmatrix} 0 & 1 & 0 \\ 0 & 0 & 1 \\ -5 & -10 & -5 \end{bmatrix} \begin{bmatrix} x_1 \\ x_2 \\ x_3 \end{bmatrix} + \begin{bmatrix} 0 \\ 0 \\ 2 \end{bmatrix} u$

② $\begin{bmatrix} \dot{x_1} \\ \dot{x_2} \\ \dot{x_3} \end{bmatrix} = \begin{bmatrix} 0 & 1 & 0 \\ 0 & 0 & 1 \\ -5 & -10 & -5 \end{bmatrix} \begin{bmatrix} x_1 \\ x_2 \\ x_3 \end{bmatrix} + \begin{bmatrix} 2 \\ 0 \\ 0 \end{bmatrix} u$

③ $\begin{bmatrix} \dot{x_1} \\ \dot{x_2} \\ \dot{x_3} \end{bmatrix} = \begin{bmatrix} -5 & 0 & 0 \\ -10 & 1 & 0 \\ -5 & 0 & 1 \end{bmatrix} \begin{bmatrix} x_1 \\ x_2 \\ x_3 \end{bmatrix} + \begin{bmatrix} 2 \\ 0 \\ 0 \end{bmatrix} u$

④ $\begin{bmatrix} \dot{x_1} \\ \dot{x_2} \\ \dot{x_3} \end{bmatrix} = \begin{bmatrix} -5 & 0 & 1 \\ -10 & 1 & 0 \\ -5 & 0 & 0 \end{bmatrix} \begin{bmatrix} x_1 \\ x_2 \\ x_3 \end{bmatrix} + \begin{bmatrix} 0 \\ 2 \\ 0 \end{bmatrix} u$

해설 11

(1) 상태 방정식의 계수 행렬의 특성은 3차 방정식인 경우 1행 및 2행 요소는 $\begin{bmatrix} 0 & 1 & 0 \\ 0 & 0 & 1 \end{bmatrix}$로서 불변이다. 단지 3행 요소가 $5 \rightarrow -5$로, $10 \rightarrow -10$으로, $5 \rightarrow -5$로 변경된다는 것이다.

따라서 계수 행렬 A는,

- $[A] = \begin{bmatrix} 0 & 1 & 0 \\ 0 & 0 & 1 \\ -5 & -10 & -5 \end{bmatrix}$

(2) 또한, 보조 행렬 B는, 3차 방정식인 경우 1행 및 2행 요소는 $\begin{bmatrix} 0 \\ 0 \end{bmatrix}$로서 불변이다.

단지 3행 요소가 u 앞의 계수 2가 된다.

따라서, 보조 행렬 B는,

- $[B] = \begin{bmatrix} 0 \\ 0 \\ 2 \end{bmatrix}$

[답] ①

12. 다음은 단위 계단 함수 $u(t)$의 라플라스 또는 z 변환 쌍을 나타낸다. 이 중에서 옳은 것은?

① $\mathcal{L}[u(t)] = 1$　　　　② $\mathcal{L}[u(t)] = 1/z$

③ $\mathcal{L}[u(t)] = 1/s^2$　　　④ $\mathcal{L}[u(t)] = z/z-1$

해설 12

단위 계단 함수의 라플라스 변환과 z 변환 공식은,

- $f(t) = u(t) = 1$　⇒　• $F(s) = \dfrac{1}{s}$　⇒　• $F(z) = \dfrac{z}{z-1}$

[답] ④

13. $f(t) = e^{-at}$의 z 변환은?

① $\dfrac{1}{z - e^{-at}}$　　　　② $\dfrac{1}{z + e^{-at}}$

③ $\dfrac{z}{z - e^{-at}}$　　　　④ $\dfrac{z}{z + e^{-at}}$

해설 13

지수 함수의 라플라스 변환과 z 변환 공식은,

- $f(t) = e^{-at}$　⇒　• $F(s) = \dfrac{1}{s+a}$　⇒　• $F(z) = \dfrac{z}{z - e^{aT}}$

[답] ③

14. z 변환함수 $z/(z-e^{at})$에 대응 되는 라플라스 변환과 이에 대응 되는 시간 함수는?

① $1/(s+a)^2$,　te^{-at}　　　　② $1/(1-e^{-ts})$,　$\sum_{n=0}^{\infty} \delta(t-nT)$

③ $a/s(s+a)$,　$1-e^{-at}$　　　④ $1/(s+a)$,　e^{-at}

해설 14

지수 함수의 라플라스 변환과 z 변환 공식은,

- $f(t) = e^{-at}$　⇒　• $F(s) = \dfrac{1}{s+a}$　⇒　• $F(z) = \dfrac{z}{z - e^{aT}}$

[답] ④

15. 계통의 특성 방정식 $1+G(s)H(s)=0$의 음의 실근은 z 평면 어느 부분으로 사상(mapping)되는가?

① z 평면의 좌반 평면
② z 평면의 우반 평면
③ z 평면의 원점을 중심으로 한 단위원 외부
④ z 평면의 원점을 중심으로 한 단위원 내부

해설 15

s 평면 상과 z 평면 상에서의 판정 기준을 나타내면 아래 그림과 같다.

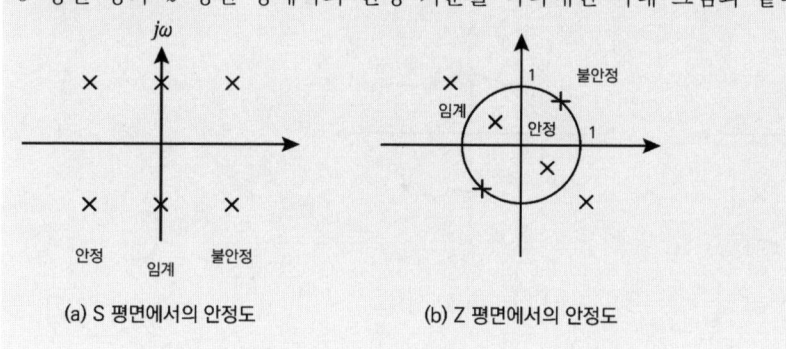

(a) S 평면에서의 안정도　　(b) Z 평면에서의 안정도

[답] ④

16. z 평면 상의 원점에 중심을 둔 단위 원주 상에 mapping되는 것은 s 평면의 어느 성분인가?

① 양의 반평면
② 음의 반평면
③ 실수축
④ 허수축

해설 16

s 평면 상과 z 평면 상에서의 판정 기준을 나타내면 아래 그림과 같다.

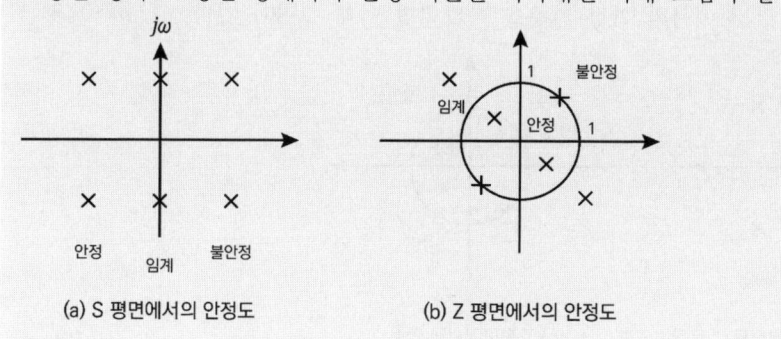

(a) S 평면에서의 안정도　　(b) Z 평면에서의 안정도

[답] ④

17. z 변환법을 사용한 샘플값 제어계가 안정하려면 $1+GH(z)=0$의 근의 위치는?

① z 평면의 좌반면에 존재하여야 한다.
② z 평면의 우반면에 존재하여야 한다.
③ $|z|=1$인 단위원 내에 존재하여야 한다.
④ $|z|=1$인 단위원 밖에 존재하여야 한다.

해설 17
s 평면 상과 z 평면 상에서의 판정 기준을 나타내면 아래 그림과 같다.

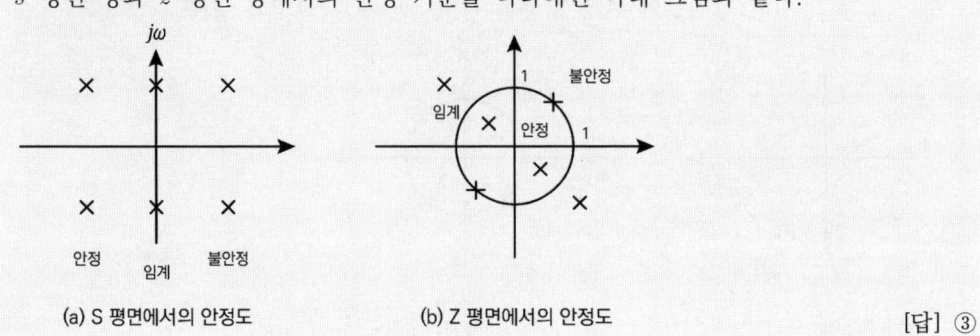

(a) S 평면에서의 안정도   (b) Z 평면에서의 안정도

[답] ③

18. 이산 시스템(discrete data system)에서의 안정도 해석에 대한 아래의 설명 중 맞는 것은?

① 특성 방정식의 모든 근이 z 평면의 음의 반평면에 있으면 안정하다.
② 특성 방정식의 모든 근이 z 평면의 양의 반평면에 있으면 안정하다.
③ 특성 방정식의 모든 근이 z 평면의 단위원 내부에 있으면 안정하다.
④ 특성 방정식의 모든 근이 z 평면의 단위원 외부에 있으면 안정하다.

해설 18
s 평면 상과 z 평면 상에서의 판정 기준을 나타내면 아래 그림과 같다.

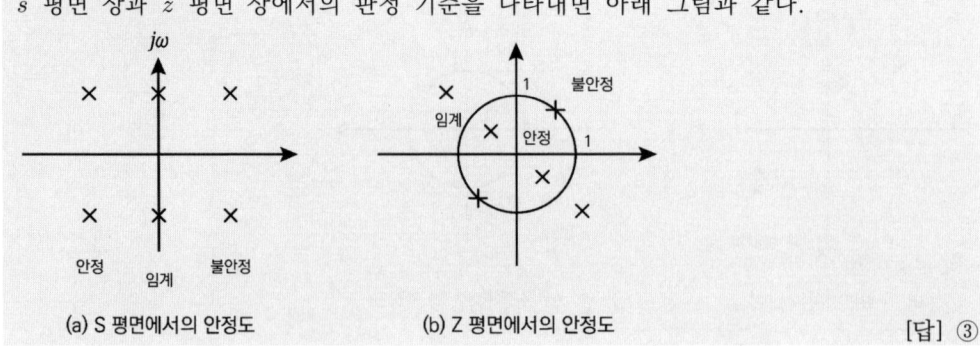

(a) S 평면에서의 안정도   (b) Z 평면에서의 안정도

[답] ③

19. 3차인 이산치 시스템의 특성 방정식 근이 -0.3, -0.2, +0.5로 주어져 있다. 이 시스템의 안정도는?
① 이 시스템은 안정한 시스템이다.
② 이 시스템은 임계 안정한 시스템이다.
③ 이 시스템은 불안정한 시스템이다.
④ 위 정보로서는 이 시스템의 안정도를 알 수 없다.

해설 19
3차인 이산치 시스템이라 하는 것은 제어계를 z 평면 상에서 안정도를 다룬다는 의미이고, z 평면 상에서의 안정도 판정 방법은 극점(영점은 제외)이 단위원 내부에 존재하는가의 여부로 판정한다.
따라서, 문제에 주어진 특성 방정식의 근이 -0.3, -0.2, +0.5라고 주어졌으므로 모두 단위원(반지름이 1인 원) 내부에 존재하므로 이 제어계는 안정하다.

[답] ①

20. $e(t)$의 초기치는 $e(t)$의 z 변환을 $E(z)$라 했을 때 다음 어느 방법으로 얻어지는가?

① $\lim_{z \to 0} z E(z)$ ② $\lim_{z \to 0} E(z)$ ③ $\lim_{z \to \infty} z E(z)$ ④ $\lim_{z \to \infty} E(z)$

해설 20
초기값 정리 : $\lim_{t \to 0} f(t) = \lim_{s \to \infty} s F(s) = \lim_{z \to \infty} F(z)$

[답] ④

MEMO

Chapter 11

시퀀스 제어

01. 기본 논리 회로

02. 조합 논리 회로

03. 논리 대수 및 드 모르간 정리

- 적중실전문제

Chapter 11 시퀀스 제어

01 기본 논리 회로

1) AND 회로

(1) 정의

2개의 입력 A, B가 모두 "1"일 경우에만 출력이 "1"이 되는 회로를 말하며, 논리식은 $X = A \cdot B$ 라고 표시한다.

(2) AND 유접점 회로, 무접점 회로 및 진리표

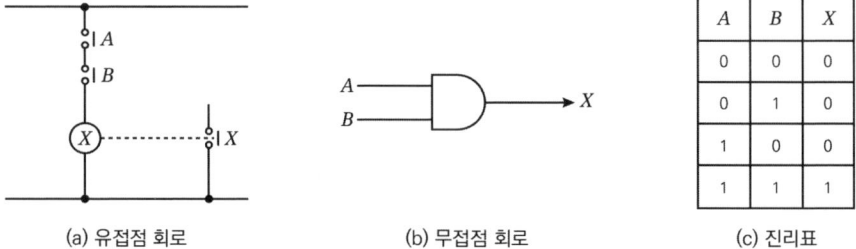

(a) 유접점 회로   (b) 무접점 회로   (c) 진리표

2) OR 회로

(1) 정의

2개의 입력 A, B중 어느 한 입력이라도 "1"일 경우에 출력이 "1"이 되는 회로를 말하며, 논리식은 $X = A + B$ 라고 표시한다.

(2) OR 유접점 회로, 무접점 회로 및 진리표

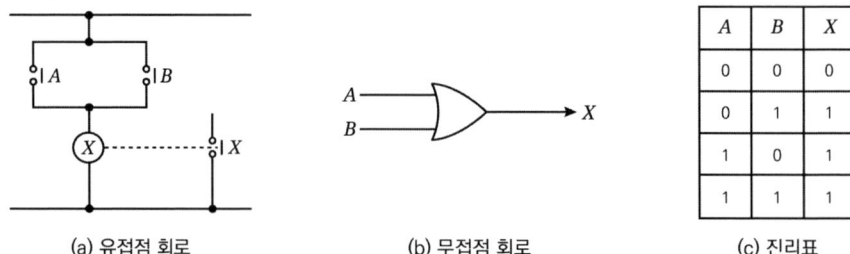

(a) 유접점 회로   (b) 무접점 회로   (c) 진리표

3) NOT 회로
   (1) 정의
      입력 신호에 대해서 출력 신호가 항상 반대가 나오는 부정 회로를 말하며, 논리식은 $X = \overline{A}$ 라고 표시한다.

   (2) NOT 유접점 회로, 무접점 회로 및 진리표

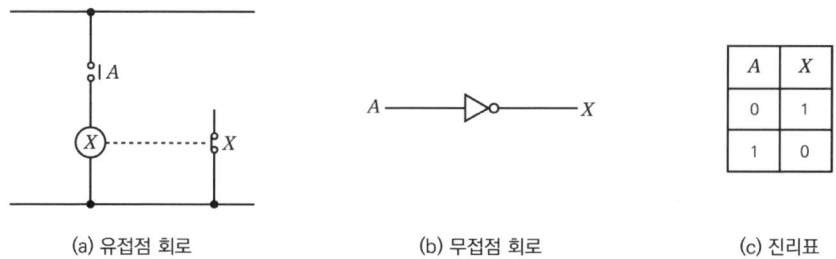

   (a) 유접점 회로   (b) 무접점 회로   (c) 진리표

예제 1

다음 그림과 같은 논리 회로는?

① OR 회로
② AND 회로
③ NOT 회로
④ NOR 회로

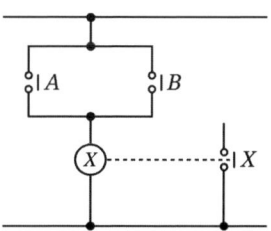

【해설】
문제에 주어진 유접점 논리 회로는 입력이 병렬인 OR 회로로서, 2개의 입력 A, B 중 어느 한 입력이라도 "1"일 경우에 출력이 "1"이 되는 회로이다.

[답] ①

02 조합 논리 회로

1) NAND 회로
(1) 정의

AND 회로와 NOT 회로를 접속한 회로를 말하며, 논리식은 $X = \overline{A \cdot B}$ 라고 표시한다.

(2) NAND 유접점 회로, 무접점 회로 및 진리표

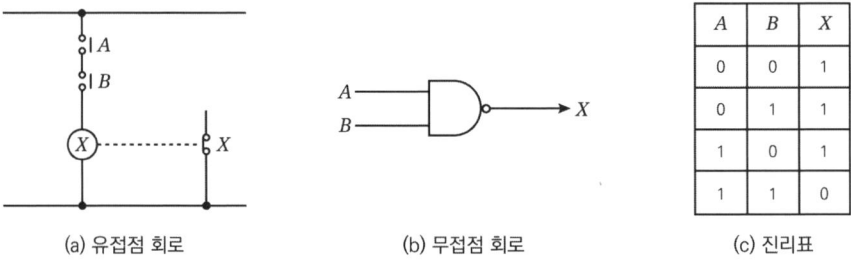

(a) 유접점 회로   (b) 무접점 회로   (c) 진리표

2) NOR 회로
(1) 정의

OR 회로와 NOT 회로를 접속한 회로를 말하며, 논리식은 $X = \overline{A + B}$ 라고 표시한다.

(2) NOR 유접점 회로, 무접점 회로 및 진리표

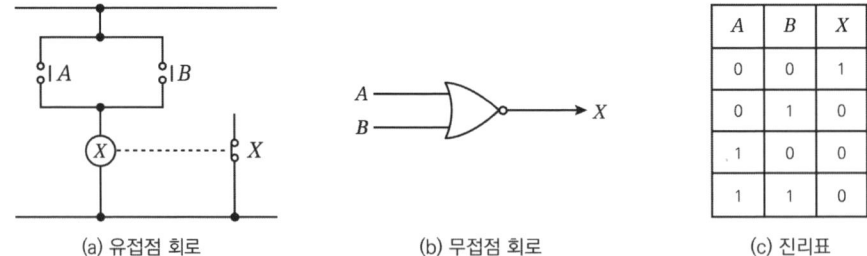

(a) 유접점 회로   (b) 무접점 회로   (c) 진리표

예제 2

그림의 논리 회로에서 두 입력 X, Y와 출력 Z 사이의 관계를 나타낸 진리표에서
A, B, C, D의 값으로 옳은 것은?

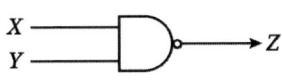

X	Y	Z
1	1	A
1	0	B
0	1	C
0	0	D

① $A, B, C, D = 0, 1, 1, 1$
② $A, B, C, D = 0, 0, 1, 1$
③ $A, B, C, D = 1, 0, 1, 0$
④ $A, B, C, D = 0, 1, 0, 1$

【해설】
주어진 무접점 회로는 NAND 회로로서, AND 회로에서의 출력은
$A, B, C, D = 1, 1, 1, 0$가 되며, 이 출력을 다시 NOT 시키게 되므로 결국 최종적인
출력은 $A, B, C, D = 0, 1, 1, 1$이 된다.

[답] ①

03 논리 대수 및 드 모르간 정리

교환 법칙	$A+B = B+A$, $\quad A \cdot B = B \cdot A$
결합 법칙	$(A+B)+C = A+(B+C)$, $\quad (A \cdot B) \cdot C = A \cdot (B \cdot C)$
분배 법칙	$A \cdot (B+C) = A \cdot B + A \cdot C$, $\quad A+(B \cdot C) = (A+B) \cdot (A+C)$
동일 법칙	$A+A = A$, $\quad A \cdot A = A$
공리 법칙	$A+0 = A$, $\quad A \cdot 1 = A$, $\quad A+1 = 1$, $\quad A \cdot 0 = 0$
드 모르간 정리	$\overline{A+B} = \overline{A} \cdot \overline{B}$, $\quad \overline{A \cdot B} = \overline{A} + \overline{B}$

예제 3

다음 논리식 중 옳지 않은 것은?

① $A+A = A$ ② $A \cdot A = A$ ③ $A + \overline{A} = 1$ ④ $A \cdot \overline{A} = 1$

【해설】
$A \cdot \overline{A}$은 AND 논리식이지만 항상 1개의 접점이 ON 되더라도 다른 하나의 접점이
부정이므로 OFF 상태이므로 출력은 언제나 "0"이 된다.

[답] ④

Chapter 11. 시퀀스 제어
적중실전문제

1. 시퀀스(sequence) 제어에서 다음 중 옳지 않은 것은?
  ① 조합 논리회로(組合論理回路)도 사용된다.
  ② 기계적 계전기도 사용된다.
  ③ 전체 계통에 연결된 스위치가 일시에 동작할 수도 있다.
  ④ 시간 지연 요소도 사용된다.

해설 1
시퀀스 제어는 여러 가지의 논리회로를 조합하여 순차적인 동작에 의하여 원하는 제어를 실행하는 것으로서 전체 회로의 스위치가 일시에 동작할 수 없다.

[답] ③

2. 그림과 같은 계전기 접점 회로의 논리식은?

① $x \cdot (x-y)$
② $x + x \cdot y$
③ $x + (x+y)$
④ $x \cdot (x+y)$

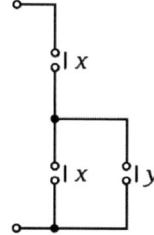

해설 2
주어진 유접점 회로는 2개의 접점이 OR 결합이고, 이것이 하나의 접점과 AND 결합이므로 논리식은, $x \cdot (x+y)$와 같이 표현된다.

[답] ④

3. 그림과 같은 계전기 접점 회로의 논리식은?

① $A+B+C$
② $(A+B)C$
③ $A \cdot B+C$
④ $A \cdot B \cdot C$

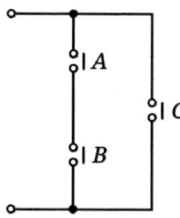

해설 3

A와 B 접점은 AND 결합이고, 여기에 C 접점은 OR 결합이므로 논리식은, $A \cdot B + C$ 가 된다.

[답] ③

4. 다음 그림과 같은 논리 회로는?

① OR 회로
② AND 회로
③ NOT 회로
④ NOR 회로

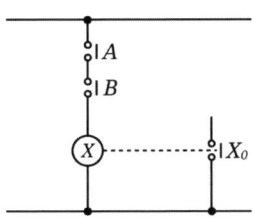

해설 4

A 접점과 B 접점이 직렬 접속이므로 2개의 접점이 동시에 ON 되어야 출력이 "1"이 되므로 AND 회로이다.

[답] ②

5. 다음 불 대수 계산에서 옳지 않은 것은?

① $\overline{A \cdot B} = \overline{A} + \overline{B}$
② $\overline{A + B} = \overline{A} \cdot \overline{B}$
③ $A + A = A$
④ $A + A \cdot \overline{B} = 1$

해설 5

$A + A \cdot \overline{B} = A(1 + \overline{B}) = A$

[답] ④

6. 논리식 $L = X + \overline{X}Y$를 간단히 한 식은?

① X ② $\overline{X}$ ③ $X + Y$ ④ $\overline{X} + Y$

해설 6

$L = X + \overline{X}Y = (X + \overline{X}) \cdot (X + Y) = X + Y$

[답] ③

7. 논리식 $A + AB$를 간단히 계산한 결과는?

① A ② $\overline{A} + B$ ③ $A + \overline{B}$ ④ $A + B$

해설 7

$A + AB = A(1 + B) = A$

[답] ①

8. $\overline{A} + \overline{B} \cdot \overline{C}$ 와 동일한 것은?

① $\overline{A + BC}$ ② $\overline{A \cdot (B + C)}$
③ $\overline{A \cdot B + C}$ ④ $\overline{A \cdot B} + C$

해설 8

드 모르간 정리에 의하여, $\overline{A} + \overline{B} \cdot \overline{C} = \overline{A} + \overline{(B + C)} = \overline{A \cdot (B + C)}$

[답] ②

9. 다음 식 중 드 모르간의 정리를 나타낸 식은?

① $A + B = B + A$ ② $A \cdot (B \cdot C) = (A \cdot B) \cdot C$
③ $\overline{A \cdot B} = \overline{A} \cdot \overline{B}$ ④ $\overline{A \cdot B} = \overline{A} + \overline{B}$

해설 9

드 모르간 정리

(1) $\overline{A+B} = \overline{A} \cdot \overline{B}$

(2) $\overline{A \cdot B} = \overline{A} + \overline{B}$

[답] ④

10. 논리식 $\overline{\overline{A} + \overline{B} \cdot \overline{C}}$ 를 간단히 계산한 결과는?

① $\overline{A} + \overline{B \cdot C}$
② $\overline{A \cdot (B+C)}$
③ $\overline{A} \cdot \overline{B} + \overline{C}$
④ $\overline{A} \cdot \overline{B} + \overline{C}$

해설 10

$\overline{\overline{A} + \overline{B} \cdot \overline{C}} = \overline{\overline{A} + \overline{B+C}} = \overline{\overline{A \cdot (B+C)}}$

[답] ②

11. 다음은 2차 논리계를 나타낸 것이다. 출력 y는?

① $y = A + B \cdot C$
② $y = B + A \cdot C$
③ $y = \overline{A} + B \cdot C$
④ $y = B + \overline{A} \cdot C$

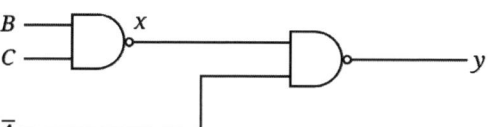

해설 11

(1) 문제에 주어진 논리 회로는 2개의 NAND 회로가 조합된 회로로서 출력 y를 구하면,

• $x = \overline{B \cdot C} \quad \Rightarrow \quad \therefore y = \overline{\overline{B \cdot C} \cdot \overline{A}}$

(2) 위 값을 드 모르간 정리에 의하여 정리하면,

• $y = \overline{\overline{B \cdot C} \cdot \overline{A}} = \overline{\overline{B+C}} + \overline{\overline{A}} = \overline{\overline{B}} \cdot \overline{\overline{C}} + \overline{\overline{A}} = B \cdot C + A$

[답] ①

12. 그림과 같은 논리 회로에서 출력 f의 값은?

① A
② $\overline{A}\,BC$
③ $AB+\overline{B}\,C$
④ $(A+B)C$

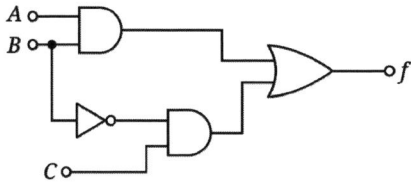

> **해설 12**
>
>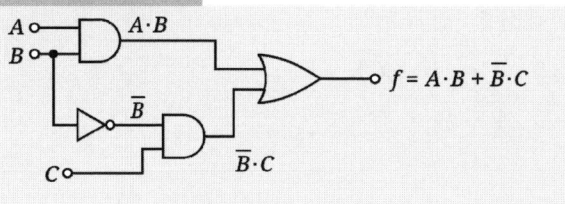
>
> [답] ③

13. 다음 논리 회로의 출력 X_0는?

① $A \cdot B + \overline{C}$
② $(A+B)\overline{C}$
③ $A + B + \overline{C}$
④ $A \cdot B \cdot \overline{C}$

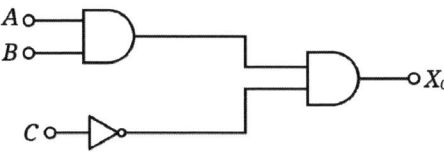

> **해설 13**
>
>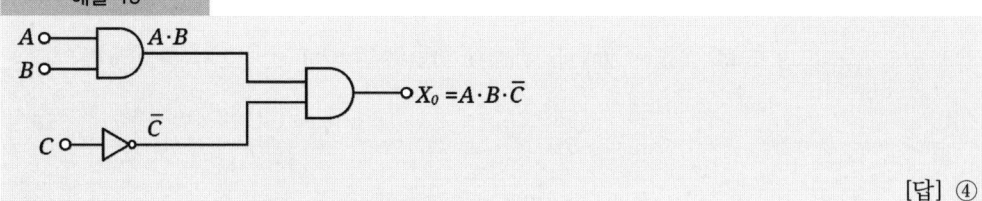
>
> [답] ④

14. 다음 논리 회로의 출력은?

① $Y = A\overline{B} + \overline{A}B$
② $Y = \overline{A\,B} + \overline{A}B$
③ $Y = A\overline{B} + \overline{A}\,\overline{B}$
④ $Y = \overline{A} + \overline{B}$

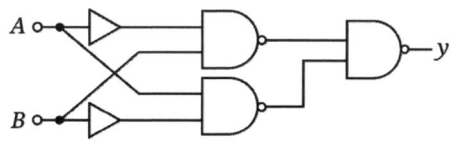

해설 14

(1) 우선, 출력 y에 나오는 논리 신호를 구해보면,
- $y = \overline{A} \cdot B + A \cdot \overline{B}$

(2) 그런데, 위 출력과 같이 나오는 논리 신호는 서로 반대되는 특성을 갖는 배타적 논리 회로(Exclusive OR)라고 한다. 이를 무접점 회로와 진리표로 표현하면,
- $y = \overline{A} \cdot B + A \cdot \overline{B} = A \oplus B$

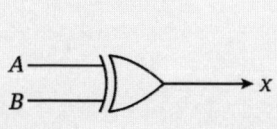

A	B	X
0	0	0
0	1	1
1	0	1
1	1	0

[답] ①

15. 다음과 같은 논리 회로의 출력 y를 옳게 나타내지 못한 것은?

① $y = A\overline{B} + AB$
② $y = A(\overline{B} + B)$
③ $y = A$
④ $y = B$

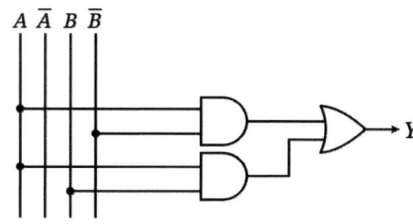

해설 15

- $y = A\overline{B} + AB = A(\overline{B} + B) = A$

[답] ④

편저자	윤석만
	고려대학교 전기공학과 졸업
	現 배울학 전기 교수
	現 오진택 기술사전문학원 교수
	前 대양 전기학원 교수
	前 김상훈 전기학원 교수
	前 김기남 전기학원 교수
	前 대한 전기학원 교수

발송배전기술사 / 전기기사

· 배울학 ② 회로이론
· 배울학 ④ 전력공학
· 2022 배울학 전기기사 766 필기 7개년 기출문제집
· 2022 배울학 전기공사기사 766 필기 7개년 기출문제집
· 배울학 전기산업기사 1033 필기 10개년 기출문제집
· 배울학 전기공사산업기사 1033 필기 10개년 기출문제집
· 회로이론(NT미디어)
· 전력공학(NT미디어)
· 발송배전기술사-기본서 상·하(윤북스)
· 발송배전기술사-심화과정문제풀이집 상·하 (윤북스)
· 발송배전기술사-기출문제풀이집(윤북스)

배울학 제어공학

발행일	2022. 03. 01 1쇄 발행
발행처	배울학
주소	서울특별시 동대문구 왕산로 43 디그빌딩 2층
이메일	help@baeulhak.com

ISBN	979-11-89762-45-2
정가	15,000원

· 교재에 관한 문의나 의견, 시험 관련 정보는 배울학 홈페이지 http://electric.baeulhak.com을 이용해주시기 바랍니다.
· 이 책의 모든 부분은 배울학 발행인의 승인문서 없이 복사, 재생 등 무단복제를 금합니다.

※ 이 도서의 파본은 교환해드립니다.